Vorwort

Wir haben fünf Sinne: das Hören, das Sehen, das Schmecken, das Riechen und das Fühlen. Durch sie haben wir Kontakt zur ›Außenwelt‹, zur Welt außerhalb unseres Körpers. Die Sinnesorgane machen Informationen aus den Daten, die sie empfangen. Wir erleben die Welt nicht, wie sie tatsächlich ist, sondern so, wie unsere Sinne sie uns darstellen.

Mit Abstand das wichtigste Sinnesorgan ist das Sehorgan. Etwa 80 Prozent sämtlicher Informationen, die ein Mensch bekommt, werden über das Sehen vermittelt. Und wenn wir sehen, sehen wir tatsächlich immer nur Farben, bunte oder unbunte Farben, reine oder unreine Farben. Denn Formen können wir nur dadurch erkennen, dass im Gesichtsfeld Farbunterschiede vorhanden sind. Überall haben wir es mit Farben zu tun, bei der Arbeit, beim Sport, beim Spiel, beim Spazierengehen, beim Fernsehen, beim Fotografieren oder beim Lesen oder Essen. Selbst bei einem Roman sind es die Farben, die uns das Lesen ermöglichen. Die unbunten schwarzen Buchstaben können wir nur deshalb sehen, weil sie von Weiß umgeben sind.

Wir leben im Informationszeitalter. Farbe ist ein wesentlicher Teil aller visuellen Informationen. Das weist auf die immer größer werdende Bedeutung der Farbenlehre für die Ausbildung hin. In der Farbenlehre geht es darum, zu verstehen, wie das visuelle System des Menschen, das Sehorgan, arbeitet. Denn davon leiten sich die Farbmischgesetze ab, die uns erklären, wie die technischen Prozesse funktionieren – das Fernsehen, die Fotografie und der Mehrfarbendruck. Und es geht darum, zu lernen, welche Farben man benötigt, um mit deckenden Malfarben ein Bild zu malen. Und möchte nicht auch jeder verstehen, wie es kommt, dass im Herbst die Blätter der Bäume bunt werden, ihre Farben verändern? Und schließlich hat jeder Mensch immer wieder persönliche Entscheidungen bezüglich Farbe zu treffen: wenn er sich Kleidungsstücke kauft, wenn er morgens auswählt, was er anziehen will, wenn er seine Wohnung einrichtet oder sich ein neues Auto bestellt.

Um die technischen Prozesse beherrschen zu können, muss man gelernt haben, welche Farbmischgesetze ihnen zugrunde liegen, zum Beispiel dann, wenn man Bildfarben verändern will, wenn Farbkorrekturen durchzuführen sind. Und schließlich muss man, wenn man Bilder reproduzieren möchte, auch wissen, welche Farben im Druck überhaupt wiedergegeben werden können und welche nicht. Und man muss gelernt haben, warum es unmöglich ist, dass die Farben, die man auf dem Bildschirm sieht, exakt im Druck erscheinen. Und vorteilhaft

HARALD L. KÜPPERS

Einführung in die FARBENLEHRE

DUMONT

Dieses Buch ist posthum meiner aus Krefeld stammenden Mutter, Eva Küppers, geborene Goth, gewidmet.

3. Auflage 2021
DuMont Buchverlag, Köln

Erschien 2005 und 2010 unter dem Titel
»Farbenlehre. Ein Schnellkurs«

Umschlaggestaltung: Birgit Haermeyer
Umschlagabbildung vorne: Farbensechseck aus dem
Basisschema der Farbenlehre von Harald L. Küppers
© Harald L. Küppers
Umschlagabbildung hinten: Additive und subraktive
Farbmischung © fotolia/MC Rendered Artwork
Frontispiz: Collage von Harald L. Küppers © Harald L. Küppers
Lektorat/Redaktion: Jutta Krautscheid, Köln
Gesetzt aus der Corporate
Druck und Verarbeitung: Rasch, Bramsche
Gedruckt auf säurefreiem und chlorfrei gebleichtem Papier
Printed in Germany
ISBN 978-3-8321-6403-4

www.dumont-buchverlag.de

Einführung in die
FARBENLEHRE

Harald Liebedank Küppers erlernte den Beruf des Chemiegrafen und legte die Meisterprüfung ab. Nach dem Ingenieurstudium der Drucktechnik gründete er ein Reprounternehmen, das durch seine Beiträge zur Verbesserung der Technologie des Mehrfarbendrucks international bekannt wurde. Er ist ein gefragter Experte für Farbtheorie und war lange als Dozent für das Fachgebiet Farbenlehre tätig. Neben zahlreichen Büchern hat er eine Vielzahl von Fachaufsätzen veröffentlicht.

ist es, wenn man systematisches Farbenmischen gelernt hat, damit man sicher einen bestimmten Farbton erreicht, den man in einem Bild darstellen oder in der Reproduktion wiedergeben will.

In diesem Buch soll eine kurze Gesamtübersicht über das Gebiet der Farbenlehre gegeben werden. Es beginnt mit einem Überblick über die historische Entwicklung der Erkenntnisse. Dabei wird nicht auf sämtliche Lösungsvorschläge eingegangen, die es jemals gegeben hat, auf sinnvolle und absurde. Vielmehr werden nur die Beiträge geschildert, die die Erkenntnisse weiterbrachten oder die in der Entwicklung der Farbenlehre eine wesentliche Rolle spielten. Dann wird der Stand des heutigen Wissens dargestellt. Das kann im Rahmen dieses »Schnellkurses« aber nur kurz und knapp geschehen. Wer über einzelne Punkte mehr erfahren will, kann sich die ausführlichen Erklärungen in der Literatur suchen. (Hinweise findet man in der Bibliografie am Schluss des Buches.) Und schließlich wird auf die Konsequenzen hingewiesen, die sich aus unseren heutigen Erkenntnissen für die Lehre, für die Kunst und für die Technik ergeben. Meine Absicht ist es, denjenigen, die dieses Buch durcharbeiten, eine umfassende Übersicht über das Fachgebiet der Farbenlehre zu vermitteln und ihnen die Zusammenhänge verständlich zu machen.

Warum ich mich für das Thema Farbenlehre derart engagiere? Ich habe leidvoll in meiner Berufsausbildung zum Reprotechniker erfahren müssen, wie unmöglich es ist, die Gesetzmäßigkeiten der Farbe zu verstehen, wenn es keine abgesicherte, keine übergeordnete Theorie gibt, und wenn man die Farben nicht sehen kann, von denen geredet wird. Ich habe die Farbe von allen Seiten kennengelernt, sowohl durch die praktischen Anforderungen in der Reproduktionstechnik als auch kreativ im Bereich der künstlerischen Farbgestaltung. Ich habe die Farbe theoretisch in allen physikalischen und physiologischen Aspekten studiert. Und ich habe die verfügbare Literatur durchgearbeitet. Ich gelangte zu der Überzeugung, dass es meine Lebensaufgabe ist, Ordnung in das Chaos der Farbenlehre zu bringen.

Mein Dank gilt Ruth Greipel für ihre zuverlässige und kreative Unterstützung.

Harald L. Küppers
kueppers.harald@t-online.de
www.kuepperscolor.de

Einführung

Farbenlehre ist ein komplexes Wissensgebiet, das unterschiedlichste Bereiche berührt. Gehört die Farbenlehre in den Bereich der Kunst, also dorthin, wo wir es mit den Wirkungen der Farbe auf den Betrachter zu tun haben? Oder gehört sie eher in den Bereich der Psychologie? Denn die Farben sprechen direkt das Gefühl an, sie wirken psychologisch. Man kann sie auch mit der Biologie in Zusammenhang bringen, denn die Farbenlehre beschreibt das physiologische Funktionieren eines Organs, nämlich des Sehorgans. Aber Farbenlehre hat auch mit Physik zu tun. Das Sehorgan wird durch einen physikalischen Reiz, durch den ›Farbreiz‹, veranlasst, Farbempfindung hervorzubringen. Oder gehört Farbenlehre in den Bereich der Chemie, weil dort die Farbmittel hergestellt werden, die Malfarben und die Druckfarben, die Lacke und die Filterfolien?

Wäre es nicht längst an der Zeit, ein eigenständiges Fach Farbenlehre einzuführen? Angesichts der Bedeutung der Farbenlehre sowohl für die visuellen Informationsmedien als auch für die Kunst und für den persönlichen Umgang mit Farbe wäre das sicherlich sinnvoll. Sollten die Grundkenntnisse der Farbenlehre nicht zur selbstverständlichen Allgemeinbildung gehören? Sollte in unserer Informationsgesellschaft nicht jeder wissen, wie das Sehen und die Medien funktionieren und welche Grundfarben für die technischen Prozesse benötigt werden, die in immer stärkerem Maße Bedeutung für unser tägliches Leben bekommen: Computer, Fernsehen, Fotografie und Mehrfarbendruck?

Aber auch für individuelle Entscheidungen ist Farbe ein wichtiges Thema, vor allem was Einrichtung und Kleidung angeht. Bei der Farb- und Stilberatung suchen insbesondere Frauen Rat für die Wahl des richtigen Farbtons. Doch sollte nicht jeder gelernt haben, wie sich das Aussehen der Farbe eines Gegenstandes, z. B. eines Kleides, verändert, je nachdem in welchem Licht das Kleidungsstück betrachtet wird? Sollte man nicht wissen, dass eine Malfarbe ihr Aussehen verändert, je nachdem, von welchen Umfeldfarben sie umgeben ist und welche Beleuchtung vorhanden ist? Sollte man nicht erklären können, warum ein Farbdia, das man an einem regnerischen Sommertag mittags aufgenommen hat, einen Blaustich bekommt, weil das Filmmaterial sich nicht, wie das Auge, an die spektrale Zusammensetzung des Beleuchtungslichtes anpassen kann? Wer mit dem Computer arbeitet, sollte wissen, warum Farbnuancen auf dem Bildschirm anders erscheinen als im Druck, und wer Werbemittel produziert, muss gelernt haben, was man tun muss, um im Druck bestimmte Farbnuancen sicher zu erzielen.

Die Farbenlehre ist an sich schon ein komplexes Phänomen. Aber es kommt noch ein enormes Problem hinzu: die Sprache. Denn in der Farbenlehre gibt es eine geradezu babylonische Sprachverwirrung. Und die Umgangssprache ist viel zu ungenau, als dass man sich damit präzise über Farben verständigen könnte. Sie stellt nicht einmal ein Dutzend einfache Farbnamen zur Verfügung: Gelb, Rot, Blau, Grün, Braun, Schwarz, Weiß und Grau. Dazu noch Orange und Violett, also einige Farbnamen, die aus dem romanischen Sprachraum entlehnt wurden. Und vielleicht noch Lila.

Man nimmt an, dass ein farbsensibler Mensch mehr als 100 000 Farbnuancen unterscheiden kann. Keinesfalls hat es irgendeinen Sinn, mit mehr als einer Million Farbnuancen zu rechnen. Denn von einer ›anderen‹ Farbe kann nur dann gesprochen werden, wenn zwischen zwei Farbnuancen ein Unterschied wahrnehmbar ist. Hier wird deutlich, dass es unmöglich ist, sich mit Hilfe der Sprache präzise über Farben verständigen zu wollen. Zur präzisen Verständigung benötigt man spezielle Kennzeichnungssysteme der Farben.

Die Farbnamen der Umgangssprache meinen nichts Präzises. Sie beziehen sich auf große Farbbereiche. Milchschokolade wird ebenso als braun bezeichnet wie bittere Schokolade. Rote Haare sind nicht wirklich rot, eher gelborange oder rotbraun. Und die Farbe von Rotkohl könnte man Lilaviolett nennen. Dieses Diffuse der Umgangssprache ist wohl der Grund dafür, dass die wenigen einfachen Farbnamen in den verschiedenen Branchen für ganz unterschiedliche Farben verwendet werden. Da gibt es Lehrbücher, in denen behauptet wird, dass es nur drei Grundfarben gibt, die Rot, Grün und Blau (RGB) heißen. Weltweit ist das in der Physik, in der Fototechnik und in der Computerindustrie so eingeführt. In anderen Lehrbüchern ist zu lesen, dass es drei Grundfarben gibt, die Gelb, Rot und Blau heißen. Davon geht man in der bildenden Kunst aus. Das ist heute noch die selbstverständliche Bezeichnung für die drei bunten Farben des Vierfarbendrucks.

Eine besondere Schwierigkeit liegt in der Tatsache, dass jemand, der Texte zur Farbenlehre liest und keine Farbmuster sieht, nicht wissen kann, welche Farben der Autor tatsächlich mit den verwendeten Farbnamen meint. Wenn er versucht, die Texte zu verstehen, muss er ergründen, aus welcher Branche der Autor kommt. Nur dann hat er die Chance, überhaupt zu erkennen, was gemeint sein könnte. Speziell bei historischen Texten ist das nicht einfach, oft unmöglich.

An dem oben zitierten Beispiel der Farbnamen Rot und Blau wird das drastisch deutlich. Wenn ein Computerfreak »Rot, Grün, Blau« sagt, meint er mit Rot und Blau ganz andere Grundfarben als der Drucker, wenn der »Gelb, Rot, Blau« sagt. Der Computerfreak meint mit Rot und Blau jene bunten Grundfarben, die wir heute in der neuen Farbenlehre mit den unverwechselbaren, eindeutigen Farbnamen Orangerot und Violettblau bezeichnen. Die Farben, die Philipp Otto Runge und Alfred Hickethier »Rot« und »Blau« nannten, heißen heute in der Farbenlehre unverwechselbar Magentarot und Cyanblau. Wir haben nämlich inzwischen gelernt, dass es jeweils zwei rote und zwei blaue bunte Grundfarben gibt. Auch bei den Qualitätsparametern der Farbe, bei ihren Anmutungsqualitäten, die ich ›ästhetische Unterscheidungsmerkmale‹ nenne, gibt es sprachliche

Probleme: Was ist ein Farbton? Ist nicht jede Farbnuance, jede Schattierung ein Farbton? Aber dieser Begriff wird in der orthodoxen Farbenlehre für die Unterscheidung des Buntseins der Farben verwendet, also für die Art des Buntseins, die ich unmissverständlich ›Buntart‹ nenne. Und was bedeutet Sättigung? Ist eine Farbe dann gesättigt, wenn sie nicht intensiver werden kann? Gibt es auch ein gesättigtes Schwarz oder ein gesättigtes Weiß? Aber gemeint ist mit dem orthodoxen Begriff Sättigung das Ausmaß des Buntseins einer Farbnuance im Vergleich zu ihrem Unbuntsein. Ich bezeichne dieses Merkmal eindeutig und unverwechselbar als ›Buntgrad‹.

Außerdem müssen wir, um unmissverständlich verstanden zu werden, unterscheiden zwischen bunten und unbunten Farben. In der Literatur findet man für Schwarz und Weiß den Begriff »Nichtfarben«. Das ist nicht nur didaktisch unsinnig, sondern absurd. Man kann doch nicht unterstellen, nur bunte Farben seien Farben. Selbstverständlich sind auch Schwarz und Weiß Farben, es handelt sich bei ihnen um unbunte Grundfarben.

All diese Beispiele zeigen: Es führt kein Weg daran vorbei, dass wir uns auf unmissverständliche Farbbegriffe und Farbnamen einigen. Anders kann Farbenlehre nicht verständlich erklärt und nicht didaktisch richtig gelehrt und gelernt werden. Die Konsequenz daraus heißt, dass wir die Farbnamen und Farbbegriffe der neuen Farbenlehre lernen müssen wie Vokabeln einer fremden Sprache.

Das Problem, historische Texte zu verstehen, schaffen wir damit leider nicht aus der Welt. Aber wir können erreichen, dass alle Zusammenhänge der neuen Farbenlehre logisch und lückenlos verstanden werden. Natürlich wäre es wünschenswert, dass die eindeutigen und unmissverständlichen, die unverwechselbaren Farbnamen und Farbbegriffe Eingang in den täglichen Gebrauch der Umgangssprache finden.

Die historische Entwicklung der Erkenntnisse

Im ersten Teil dieses Buches werde ich die Entwicklung der Farbenlehre darstellen. Es geht mir darum, dem Leser aufzuzeigen, was die Menschen in der Vergangenheit dachten, was sie wissen konnten und welche Vorstellungen sie hatten. Die Zeitspanne reicht vom Altertum bis in die Neuzeit. Dieser Überblick soll den Leser in die Lage versetzen, sich ein eigenes Bild machen zu können und sich in die Erkenntnismöglichkeiten der betreffenden Zeit hineinzuversetzen.

Dabei ist es natürlich im Rahmen dieser Veröffentlichung unmöglich, auf alle Denkanstöße einzugehen, die Bedeutung für die Farbenlehre hatten, und alle Lösungsvorschläge aufzuzeigen, auch diejenigen, die in die Irre gingen. Das wäre nicht nur viel zu umfangreich, sondern auch verwirrend. Es soll hier also nicht um eine chronologisch lückenlose historische Aufzählung sämtlicher Ideen und Beiträge gehen, sondern um eine Zusammenfassung der Erkenntnisse, die für die Entwicklung der Farbenlehre wesentlich und wichtig waren.

Die Urmenschen und die Naturvölker

Auch heute noch erscheint uns das Leben geheimnisvoll und rätselhaft. Wo kommt der Mensch her? Wo geht er hin? Egal, ob man an die Evolutionstheorie, an die Entwicklungshypothese des Charles Darwin (1835), glaubt oder an die biblische Vorstellung von Adam und Eva im Paradies oder gar an die Hypothese, nach der das Leben durch kosmischen Staub oder einen Meteoriten auf die Erde gekommen sein könnte: Was das Leben eigentlich ist, wissen wir nicht und werden es vielleicht niemals erfahren. Sicher ist lediglich, dass jeder von uns am Ende einer Entwicklungskette steht, von der er das letzte Glied ist. Nur wer Kinder hat, gibt, wie bei einem Stafettenlauf, den Lebensstab weiter.

Die Kulturgeschichte der Farbe beginnt mit der Kulturgeschichte der Menschheit überhaupt. Sicherlich haben die Urmenschen nicht über Theorien nachge-

Sonnenuntergang am Meer – ein Farbschauspiel, das die Menschen seit Urzeiten fasziniert

dacht. Sie waren vollständig damit beschäftigt, Nahrung zu suchen und sich gegen die Natur und gegen Feinde zu verteidigen, also ihr Überleben zu sichern. Wir dürfen annehmen, dass sie die Farben für ebenso selbstverständlich ansahen wie die Luft zum Atmen, wie die Nahrungsmittel zum Essen und wie das Wasser zum Trinken. Welche Gedanken sie sich über ihre Situation in der Welt machten, wissen wir nicht. Sicherlich glaubten sie an übergeordnete Kräfte, an Götter. Dass sie darüber nachdachten, wie die Organe ihres eigenen Körpers funktionieren, ist allerdings nicht anzunehmen.

Wir wissen lediglich, dass die Urmenschen Farbe zur Zierde einsetzten. Das Sich-schön-Machen scheint das erste Bedürfnis der Menschen gewesen zu sein, um Farbe anzuwenden. Vielleicht hat es damit begonnen, dass sich die jungen Mädchen bunte Blumen oder farbige Vogelfedern ins Haar steckten oder sich mit hübschen gewundenen Blütenkränzen schmückten. Dann wurde der nackte Körper bemalt und später wurden Stoffe gefärbt. Dass die Menschen früh begriffen haben, wie das Färben funktioniert, ist leicht nachzuvollziehen. Hatte man Blaubeeren gegessen, haftete die blaue Farbe an Mund und Zähnen. Hatte man das Blut einer Wunde abgewischt, blieb ein Fleck im Material zurück. Drückte man eine Preiselbeere auf einem Stoff aus, nahm der Stoff die rote Farbe an. Wenn man ein Material, einen Stoff in eine farbige Flüssigkeit legte, übernahm der Stoff die Farbe. Später kam die Tätowierung hinzu, ein dauerhafter farbiger Körperschmuck. Dass auch die Urmenschen Farberscheinungen bewunderten, können wir uns gut vorstellen. Was mögen sie gedacht haben, wenn die Sonne an einem klaren Sommerabend als blutrote Scheibe am Horizont stand? Haben sie den Regenbogen als göttliches Zeichen angesehen? Interessant ist die Tatsache, dass sich die Bezeichnung ›Regenbogen‹, die wir heute verwenden, auf die geometrische Form und nicht auf die Farberscheinung bezieht. Kann das als Hinweis darauf gewertet werden, dass der Farberscheinung zunächst nur geringes Interesse entgegengebracht wurde, dass man die Farbe der Dinge einfach als selbstverständlich hinnahm?

Felsmalerei in der Höhle von Lascaux. Darstellung eines Hirsches, etwa 15 000 v. Chr.

Der erste künstlerische Umgang mit Farbe ist uns durch die Höhlenmalereien überliefert. Es war ein logischer Schritt vom Erkennen der Färbekraft bestimmter Materialien zum bewussten Aufbringen von Farbe auf die Felswand einer Höhle. Hatte sich ein Mensch mit blutverschmierter Hand, nach einer Verwundung, auf einem Stein abgestützt, blieb dort der Abdruck der Hand zurück. Also konnte man das Blut auch benutzen, um damit eine Form auf den Fels zu malen. Dann hat man gelernt, farbige Mineralien zu Pulver zu zerreiben und mit einer klebenden Flüssigkeit zur Ausschmückung der Höhle auf die Wände aufzubringen. So können wir uns das Entstehen der ersten Höhlenmalereien vorstellen. In der Abbildung sehen wir eine Malerei in der Höhle von Lascaux im Süden Frankreichs, die schätzungsweise vor 17 000 Jahren in der jüngeren Altsteinzeit entstanden ist. Sie stellt einen Hirsch dar. Zum Färben wurden Ocker und Mineraloxid verwendet. Ob solche Höhlenbilder einem kultischen Zweck dienten, ob sie das Jagdglück positiv beeinflussen sollten oder ob sie vielleicht nur Dekoration waren, wissen wir nicht.

Die alten Griechen

Der Umgang mit Farbe bei den Naturvölkern scheint rein praktischer Art gewesen zu sein. Durch Überlieferung entwickelten sich erstaunliche Fertigkeiten in der Anwendung von Farbe, im Bemalen von Gegenständen und im Färben von Stoffen. Aber Theorien konnten erst entstehen, als es Menschen gab, deren materielle Bedürfnisse erfüllt waren, die sich nicht im ständigen Überlebenskampf befanden, die die Abhängigkeit von der Natur überwunden hatten. Die ersten, von denen wir das wissen, waren die alten Griechen.

Was kennzeichnet das Weltbild der alten Griechen? Aristoteles und später Ptolemäus entwickelten die Vorstellung, dass die Erde eine runde Scheibe sei, die im Mittelpunkt des Weltalls stehe, geschaffen für den Menschen als göttliche Schöpfung. Über der Erdscheibe wölbe sich ein halbkugelförmiger Himmel, der aus acht konzentrisch ineinander stehenden kristallartigen, sphärischen Kugelschalen bestehe, an denen die Gestirne aufgehängt seien. Die Sonne habe die Aufgabe, die Erde tagsüber zu beleuchten, der Mond und die Sterne nachts. Dabei folgten die Sterne auf ihren sphärischen Schalen, wie man damals annahm, den von den Göttern vorbestimmten, verschlungenen Bahnen.

Es ist spannend, sich in das Weltbild der alten Griechen hineinzudenken und zu versuchen, ihre Erkenntnismöglichkeiten zu verstehen. Alle Materie bestehe aus den Elementen Feuer, Wasser, Luft und Erde, glaubten sie. Ob die Vorstellung von vier Elementen etwas mit den vier Jahreszeiten zu tun hatte, ist unklar. Die vielen verschiedenartigen Erscheinungsformen der Materie kämen durch Mischung dieser vier Elemente zustande, stellten sie sich vor. Analog zu diesen vier Elementen meinten sie, es gebe vier Grundfarben, nämlich Weiß, Gelb, Rot und Schwarz. Das Blau wurde offenbar darum nicht besonders erwähnt, weil man annahm, dass es Schwarz benachbart sei und aus diesem durch Mischung entstehe. Man war der Ansicht, dass sämtliche Farben der Farbenvielfalt durch Mischung dieser vier ›Grundfarben‹ hervorgebracht würden. Wie die Zuordnung der einzelnen Elemente zu jeder Grundfarbe gedacht war, lässt sich nicht mehr exakt feststellen. Denn die Farbbenennungen der Griechen sind ungenau, diffus. Verschiedene Farben, die wir heute deutlich unterscheiden und mit jeweils eigenen Farbnamen belegen, wurden bei ihnen mit dem gleichen Farbnamen benannt. Andererseits gab es für die gleiche Farbe verschiedene Farbnamen. Aus diesem Grunde wissen wir nicht genau, welche Farberscheinung die alten Griechen mit den verwendeten Farbnamen tatsächlich gemeint haben.

Die folgenden Auszüge aus den griechischen Originaltexten stammen aus der Übersetzung durch Johann Wolfgang von Goethe. Er hat mit unglaublichem Fleiß und akribisch historische Fakten gesammelt, die er im historischen Teil seiner *Farbenlehre* (1810) veröffentlichte. Problematisch ist dabei allerdings, dass er seine Ermittlungen im Hinblick darauf kommentiert und bewertet, inwiefern sie mit seinen eigenen Ansichten, die er für die richtige Lösung des Problems hält, übereinstimmen. Und sehr mühsam ist es, die ausufernden, weitschweifigen Texte zu lesen, in denen jede seiner Beobachtungen und Gedanken in größter Ausführlichkeit erörtert werden. Hier also die Auswahl einiger unveränderter Zitate und Anmerkungen aus der griechischen Übersetzung Goethes:

Pythagoras (etwa 580–500 v. Chr.)
»Pythagoras sagt (…) vom Gesicht, es sei: eine heiße Ausdünstung oder Dampf, vermittelst dessen wir sowohl Luft als Wasser sehen: denn das Heiße werde vom Kalten zurückgeworfen. (…) Die Pythagoräer (…) gaben sie als Farbgeschlechter an: das Weiße, das Schwarze, das Rote und das Gelbe. Die Unterschiede der Farben suchten sie in der verschiedenen Mischung der Elemente.«

Empedokles (Mitte des 5. Jh. v. Chr.)

»(...) das Innere des Auges sei Feuer (und Wasser), die äußere Umgebung Erde und Luft, durch welche das Feuer als ein Zartes durchschwitze, (...) durch die Gänge des Feuers erkenne man das Weiße, durch die des Wassers das Schwarze. ... Die Augen seien aber nicht aus Gleichem zusammengesetzt, sondern aus Entgegenstehendem (...) Gleich den Elementen nimmt er vier derselben an: weiß, schwarz, rot und gelb. (...)

Nach Empedokles geschehen die Erscheinungen im Spiegel durch Ausflüsse von Gegenständen, welche sich auf der Oberfläche des Spiegels versammeln und vollendet werden durch das aus dem Auge sich ausscheidende Feuerhafte, welches die umgebende Luft, in welche jene Ausflüsse getrieben werden, mit in Bewegung setzt.«

Demokrit (geb. 460 v. Chr.)

»(...) die Luft zwischen dem Gesicht und dem Gesehenen erhalte eine Form, indem sie von dem Gesehenen und dem Sehenden zusammengedrückt werde (...)

Demokritus und Epikurus sagen, das Sehen geschehe dadurch, daß Bilder von den Gegenständen sich absondern und ins Auge kommen.«

Plato (429–347 v. Chr.)

»Ein lebhafter Trieb aber und eine Art andern Feuers dringt von innen gegen die Augen und entbindet gleichfalls das Gesicht, und indem er die Gänge der Augäpfel mit Gewalt durchdringt und schmelzt, wird ein feuriges Wasser häufig vergossen, das wir Träne heißen. Jener Trieb aber ist ein Feuer, das dem äußern begegnet.

Wenn nun das innere Feuer herausstürzt wie ein Blitzstrahl, indem das äußere eindringt und in der Feuchtigkeit verlischt, werden wir durch die bei solcher gegenseitigen Wirkung entstandenen Farben geblendet, und dasjenige, wovon sich die Wirkung herschreibt, nennen wir leuchtend oder glänzend.

Eine mittlere Art Feuer hingegen, die zu der Augenfeuchte gelangt und sich damit verbindet, bringt zwar keinen Glanz hervor; weil jedoch die Feuchtigkeit sich mit dem Leuchten des Feuers vereinigt, entsteht eine Blutfarbe, welche man Rot nennt.

Das Leuchtende ferner mit Rot und Weiß vermischt erzeugt das Gelbe. (...) Rot mit Schwarz und Weiß vermischt gibt die Purpurfarbe. (...) Wenn das Glänzende mit dem Weißen zusammentritt und auf reines Schwarz fällt, dann wird die blaue Farbe vollendet.«

Aristoteles (384–322 v. Chr.)

»Wäre das Auge Feuer, wie Empedokles behauptet (...) und geschähe das Sehen, indem das Licht, wie aus einer Laterne, (aus den Augen) herausgehe; warum in der Finsternis sieht nicht das Auge? (...)

(...) eine Emphasis findet nicht statt im Gegenstande sondern im Sehenden: denn der Zustand ist eine Zurückwerfung. (...)

Wenn jemand etwas Farbiges auf das Auge selbst legt, so sieht er es nicht, sondern die Farbe erregt das Durchsichtige, die Luft, von dieser aber, die ein continuum ist, wird das Gesichtsorgan erregt. (...) Denn nur dadurch, dass das Gesichtsorgan etwas erleidet, geschieht das Sehen. Von der gesehenen Farbe selbst kann jenes nicht erfolgen; es bleibt also nur übrig, dass es von dem, was zwischen ist (dem Medium), geschehe. (...)

Zu behaupten, wie die Alten sagen, die Farben seien Ausflüsse und das Sehen geschähe aus dieser Ursache, ist ganz unstatthaft. (...) Viel besser ist es daher zu sagen, durch die Bewegung des Mediums zwischen dem Organ und dem Empfindbaren geschehe die Empfindung. (...)

Schier wie die Arten des Geschmacks verhalten sich auch die Species der Farben. Denn beider sind sieben; wenn man, wie billig, das *phaión* zum Schwarzen rechnet. Daraus folgt, dass das Gelbe zum Weißen gehöre, wie das Fette zum Süßen. Das Rote, Violette, Grüne und Blaue liegt zwischen dem Weißen und Schwarzen. Die übrigen sind aus diesen gemischt. (...)

(...) wenn man aus der Sonne ins Dunkle geht. Dann sieht man nichts, wegen des in den Augen fortdauernden Lichteindrucks. Auch wenn wir auf eine Farbe, weiß oder grün, lange hingeschaut haben, so erscheint uns etwas dergleichen, wohin wir auch den Blick wenden mögen. Auch sobald wir in die Sonne oder auf einen anderen hellen Gegenstand gesehen haben und die Augen schließen, erscheint, wenn wir in der geraden Richtung, wohin wir sehen, beobachten, zuvörderst etwas dergleichen an Farbe: dann verwandelt es sich in Rot, dann in Purpur, bis es zuletzt ins Schwarz übergeht und verschwindet. (...)

Drittens nennen wir aber auch solche Körper schwarz, von denen ein schwaches und geringes Licht zurückgeworfen wird. (...) Deswegen halten wir auch die Schatten für schwarz. (...)

Daß aber die Finsternis keine Farbe sei, sondern eine Beraubung des Lichtes, dieses ist nicht schwer aus verschieden Umständen einzusehen; am meisten aber daher: dass sich nicht empfinden lässt, wie groß und von welcher Art das Gebilde derselben sei, wie es sich doch bei anderen sichtbaren Dingen verhält.«

So weit die Zitate und Anmerkungen aus den griechischen Übersetzungen Goethes. Empedokles vermutet, dass die Erscheinung im Spiegel durch »Ausflüsse« der Gegenstände zustande kommt, welche die Luft in Bewegung versetzen und dadurch das Auge berühren. Das ist keine schlechte Überlegung, wenn man sich anstelle von »Ausflüssen« Lichtreflexionen vorstellt, die dann ja tatsächlich das Auge ›berühren‹. Antike Kommentatoren der Schriften des Empedokles berichten, dass er nach einem pythagoräischen Schema der Farben gearbeitet habe, bei dem zwischen Schwarz und Weiß die Farben Rot und Gelb angeordnet waren. Ein solches Schema ist leider nicht überliefert worden.

Demokrit nimmt an, dass sich von den Gegenständen Bilder absondern. Auch das ist gut beobachtet. Denn heute wissen wir, dass nur durch die Lichtreflexion des Gegenstandes das Bild ins Auge transportiert wird.

Plato geht von der Tatsache aus, dass man Licht und Farben sieht, wenn man einen Schlag auf die Augen bekommt oder kräftig auf die geschlossenen Augen drückt. Daraus leitet er die Überlegung ab, dass im Auge selbst Licht (»Feuer«) vorhanden sei, welches als Sehstrahl ausgesendet wird. Dieser Sehstrahl taste gewissermaßen die Gegenstände ab. »Das den Sehstrahl Erweiternde ist das Weiße, sein Gegenteil das Schwarze«, stellt er fest. Damit ist er der erste, der die Farben Weiß und Schwarz als die extremen Grundfarben ansieht.

Aristoteles lehnt die Idee, dass Ausflüsse des Auges, also Sehstrahlen, am Sehen beteiligt sind, kategorisch ab. Er spricht präzise seine Vermutung aus, die absolut richtig ist, dass die Bilder des Gegenstandes durch Zurückwerfung des Lichtes ins Auge kommen.

Er hält die Farben für Eigenschaften der Körperoberflächen und nicht für Empfindungen. Er hat präzise die verschiedensten Farberscheinungen beobachtet. Er kennt den Effekt, dass sich nach einem intensiven Lichteindruck im Auge Farben bilden, was wir heute als die Wirkung der ›Nachbildfarben‹ bezeichnen. Er beschreibt genau, wie man bunte Farben sieht, wenn man in ein helles Licht, wie die Sonne, geblickt hat und dann die Augen schließt. Und er weiß, dass ein dunkler Gegenstand, den man vor einem hellen Hintergrund sieht, wenn man die Augen schließt, hell vor einem dunklen Hintergrund erscheint. Er hat festgestellt, dass dasselbe Violett auf weißer Wolle anders aussieht als auf schwarzer. Diesen Effekt, der durch die Wirkung der ›Umfeldfarben‹ zustande kommt, nennen wir heute ›Simultankontrast‹. Und es ist ihm aufgefallen, dass Stickereien bei Tageslicht anders aussehen als bei Kerzenlicht. Das wird heute als ›Metamerie‹ bezeichnet. Nach

Ansicht des Aristoteles entstehen die Farben durch den Kampf zwischen dem Dunkel der Nacht und dem Licht des Tages. Er hat sich eine lineare Ordnung der Farben zwischen Weiß und Schwarz vorgestellt, die uns nicht überliefert ist. Wir wissen lediglich, dass er dabei von sieben Farben ausgeht. Leider wissen wir auch nicht, welche sieben Farben er dabei angenommen hat. Interessant ist nur, dass hier erstmalig die Zahl sieben in Erscheinung tritt. Warum sieben Farben? Bezieht man sich auf die sieben Wochentage? Oder sind es die sieben Töne einer Tonleiter in der Musik, die man zum Vorbild nimmt?

Aristoteles ist der Erste, von dem wir wissen, dass er systematische Versuche mit Farblicht durchgeführt hat. Er ließ durch eine gelbe Scherbe und durch eine blaue Scherbe das Licht der Sonne auf eine weiße Marmorfläche fallen und beobachtete, dass sich die beiden Farben des durchsichtigen Materials auf der weißen Fläche abbildeten. Als er beide Scherben hintereinander in den Strahlengang brachte, entstand grünes Licht. Er schloss daraus, dass die Mischung von Gelb und Blau Grün ergibt. Die Überlegung ist völlig richtig. Den Vorgang, den er beobachtete, bezeichnen wir heute als ›Subtraktive Mischung‹. Denn in jeder Glasscherbe wurden durch Absorption Wellenlängenbereiche des Spektrums entfernt, sodass nur noch die mittelwellige Strahlung übrig blieb, die zur grünen Farbempfindung führte. Das wird später an entsprechender Stelle noch ausführlich erklärt werden (s. S. 98 ff.).

Die große Pause

Seit Aristoteles bis hinein ins 16. Jahrhundert hat es in Bezug auf die Farbenlehre keinerlei nennenswerte neue Erkenntnisse gegeben. Fast 2000 Jahre lang hat man offenbar die Überlegungen des Aristoteles unverändert akzeptiert. C. Plinius Secundus d. Ä. (23–79 n. Chr.) schreibt in seiner *Naturkunde* (Buch XXXV: *Farben, Malerei, Plastik*): »(…) kann man nicht umhin, die Vorzeit zu bewundern. Nur mit vier Farben, – mit dem Weiß der Melos-Erde, mit dem Gelb des attischen Ockers, mit dem Rot der pontischen Sinope-Erde und mit dem Schwarz des atramentum –, schufen die berühmtesten Maler (...) ihre unsterblichen Werke.«

Plutarch (um 46–120 n. Chr.)

Sowohl bei den alten Griechen als auch bei den Römern waren es Philosophen und Schriftsteller, von denen wir wissen, dass sie sich Gedanken über Farbentheorie machten. Plutarch formuliert die schärfsten Bedenken des Malers gegenüber Mischfarben: »Mischung erzeugt Missklang. Missklang erzeugt Veränderung. Deshalb auch nennen die Maler das Vermengen von Farben ein ›Schänden‹.«

Offenbar war die Vorstellung verbreitet, nur das Unvermischte sei das Jungfräuliche, das Unbefleckte, das Reine. Ohne Zweifel war das bei den zur Verfügung stehenden Farbmaterialien, den fein verriebenen Mineralien, den tierischen oder pflanzlichen Farbstoffen, auch der Fall. Man kann sich gut vorstellen, dass durch Mischen die Farben unansehnlich wurden, ›besudelt‹ aussahen.

Robert Grosseteste ordnet sieben bunte Farben linear an, Weiß und Schwarz darüber und darunter. Die Reihenfolge der bunten Farben ist nicht überliefert.

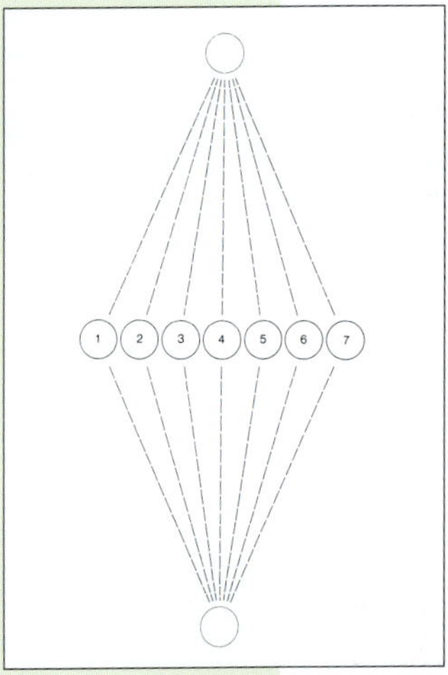

Robert Grosseteste (um 1175–1253)

Als Kanzler der Universität Oxford veröffentlicht er ein Buch mit dem Titel *De colore*. Darin gibt es die in der Abbildung gezeigte Darstellung, in der er die sieben bunten Farben des Aristoteles in eine horizontale lineare Ordnung bringt. Er unterscheidet zwischen, wie wir sie heute nennen, bunten und unbunten Farben. Weiß wird über der Linie der bunten Farben und Schwarz darunter angeordnet. Damit ist Grosseteste der Erste, der die bisher praktizierte lineare Anordnung sämtlicher Farben nach ihren Helligkeiten aufgibt.

Ein neues Weltbild

Durch die Erkenntnisse des Nikolaus Kopernikus (1473–1543) entstand eine völlig neue Weltsicht. Kopernikus erklärte die Sonne zum Mittelpunkt der Welt. Er stellte fest, dass sich die Erde jeden Tag einmal um sich selbst dreht und dass der Mond die Erde umkreist. Die Vorstellung, dass die Erde eine Scheibe sei, war unhaltbar geworden. Christoph Kolumbus (1451–1506) war zu einer Seereise nach Westen aufgebrochen und hatte Amerika entdeckt. Und Martin Luther (1483–1546) hatte seine 95 Thesen an das Portal der Schlosskirche von Wittenberg genagelt. Er protestierte gegen den Ablasshandel der katholischen Kirche, die den Gläubigen für entsprechende Geldbeträge einen sicheren Platz im Paradies versprach. Das hatte sich der Papst ausgedacht, um auf diese Weise das benötigte Geld für den Bau des Petersdomes in Rom zu beschaffen. Johannes Gutenberg (ca. 1400–1468) hatte das Drucken mit beweglichen Lettern aus Metall erfunden. Durch diese Erfindung war es möglich geworden, das Wissen, das vorher nur privilegierten Personen vorbehalten war, weit zu verbreiten. Die Zeit um 1500 war also für die Menschheit der große Durchbruch zur Befreiung des Denkens, der Aufbruch zu neuen Vorstellungen und zu neuen Erkenntnissen.

In dieser Zeit des geistigen Umbruchs lebte auch Leonardo da Vinci, das Multitalent, der überragende Maler, Bildhauer, Architekt, Naturforscher und Ingenieur. Das *Traktat von der Malerei* ist eines der vielen Bücher, die er verfasste. Er hatte erkannt, dass praktische Begabung allein nicht genügt, um wirklich Großes zu schaffen, sondern dass es unbedingt notwendig ist, die theoretischen Gesetzmäßigkeiten zu erkennen, die allem zugrunde liegen.

Leonardo da Vinci (1452–1519)

Leonardo hat sich intensiv mit Farbentheorie beschäftigt. Er unterscheidet »einfache« und »natürliche« Farben. Leider können wir heute nicht verstehen, was er tatsächlich gemeint hat. Von den »einfachen« Farben sagt er: »Einfache Farben nenne ich die, die nicht zusammengesetzt sind und sich auch nicht auf dem Wege der Mischung anderer Farben zusammensetzen lassen. (...) Der einfachen Farben sind sechs. (...) das Weiß sei in dieser Ordnung unter den einfachen die erste, Gelb die zweite, Grün die dritte, Blau die vierte, Rot die fünfte und Schwarz die sechste.«

Leonardo da Vinci unterscheidet sechs »einfache« und acht »natürliche« Farben. Nach seiner Überzeugung sind »Diejenigen, welche sich in Praxis ohne Wissenschaft verlieben (...) wie Schiffer, die ohne Steuerruder und ohne Kompass zu Schiffe gehen, sie sind nie sicher, wohin sie gehen. Die Praxis soll stets auf guter Theorie aufgebaut sein.« Diese Überzeugung formuliert er in seiner Schrift Vom Irrtum derer, welche die Praxis üben ohne Wissenschaft.

Aber gleich auf der nächsten Seite seines Buches stellt er fest: »Das Blau und das Grün sind nicht einfach für sich. Denn das Blau setzt sich aus Licht und Finsternis zusammen, wie das Blau der Luft, aus vollkommenem Schwarz und vollkommenem reinem Weiß nämlich. Das Grün setzt sich aus einer einfachen und einer zusammengesetzten zusammen, nämlich aus Gelb und Blau.«

Warum er jetzt Blau und Grün, die er vorher »einfache« Farben nannte, als zusammengesetzt bezeichnet, ist unklar. Gleich darauf kommt er auf die Farben zu sprechen, die er die »natürlichen« nennt: »Nach Schwarz und Weiß folgen Blau und Gelb, darauf das Grün und das Löwenfarben, oder Lohfarben, oder Ocker, wie man's nennt; dann das Brombeerfarben und das Rot. Das sind acht Farben, und mehr natürliche Farben gibt es nicht.«

Hier hat Leonardo offensichtlich bereits die acht Farben bezeichnet, die wir heute die ›acht Grundfarben‹ nennen, wenn wir annehmen dürfen, dass er mit »Brombeerfarbe« Violettblau und mit »Löwenfarbe« Orangerot meint. Das sind die acht Farben, die man nicht aus deckenden Farbmitteln durch Mischung hervorbringen kann. Aber wie er sich den Unterschied zwischen seinen »einfachen« und seinen »natürlichen« Farben vorgestellt hat, ist leider überhaupt nicht nachzuvollziehen. Es ist anzunehmen, dass Leonardo die Schriften des Aristoteles kannte. Auch Leonardo beschreibt den Simultankontrast: »Jede Farbe wird besser inmitten ihres Gegenteils erkannt, als inmitten ihres gleichen, wie z. B. Dunkel in Hell, und Hell in Dunkel. Weiß, das an Dunkel anstoßt, bewirkt, dass an selbiger Grenze das Dunkle schwärzer und das Weiß heller und reiner erscheint.«

Auch die Adaptation des Auges, also seine Anpassung an die Intensität des Beleuchtungslichtes, hat Leonardo richtig beobachtet: »Solcherlei Erscheinung hat ihren Entstehungsgrund in der Unzulänglichkeit des Auges. Dasselbe zieht, dem übermäßigen Licht der Luft unterliegend, die Größe seiner Pupille sehr zusammen und entbehrt so eines großen Teiles seiner Kraft. An dunkleren Orten dehnt sich die Pupille wieder aus, und gewinnt in dem Maße, in dem sie an Größe zunimmt, an Kraft.«

Leonardo kennt bereits die Camera obscura, die im 11. Jahrhundert von dem Araber Ibn Al-Haitham erfunden worden war und die offenbar Johann Baptist Porta zu Leonardos Zeit wiederentdeckte. Leonardo weiß, dass sich das Gesichtsfeld wie bei einer Lochkamera auf dem Kopf stehend im Auge abbildet. Daraus hat er den Schluss gezogen, dass es nur Lichtstrahlen sein können, die das Bild des Gesichtsfeldes und damit gleichzeitig die Farben ins Auge transportieren.

In Kapitel 34 seines Traktates finden wir eine merkwürdige Stelle. Leonardo sagt: »Obgleich die dem Auge gegenüberstehenden Dinge, wie sie allmählich nacheinander folgen, in ununterbrochenem Zusammenhang eins das andere berühren, so werde ich nichtsdestoweniger meine Regel (der Abstände) von 20 zu 20 Ellen machen, ebenso wie der Musiker zwischen den Tönen, obwohl diese eigentlich alle in eins aneinanderhängen, einige wenige Abstufungen von Ton zu Ton angebracht hat, dieselben Prime, Sekunde, Terz, Quart und Quint benennend, und uns so von Stufe zu Stufe für die Mannigfaltigkeiten des Aufsteigens und Niedersinkens der Stimme Namen einsetzte. Und würdest Du sagen, die

Musik sei aus Verhältnismäßigkeit zusammengefügt, so bin ich mit ganz ebensolcher Verhältnismäßigkeit der Malerei nachgegangen, wie Du sehen wirst.«

Goethe kommentiert: »Aus der antiken Philosophie hat die Renaissance die Ansicht geschöpft, dass das Maßgefühl des Auges von ähnlichen Gesetzen beherrscht werde, wie das Harmoniegefühl des Ohres. (...) Dieses Einteilungsverhältnis ergibt ja wunderschöne Kombinationen und Abwandlungen durch die Klarfaßlichkeit seines schwellenden Rhythmus, dessen Spiel das suchende Auge fesselt, ohne es durch Eintönigkeit zu ermüden oder durch Kompliziertheit zu verwirren.«

Leonardo hat dabei nicht bedacht, dass es zwischen den Tönen der Musik und den Farben gravierende Unterschiede gibt, welche die Idee analoger Harmoniebeziehungen zum Scheitern verurteilen: Die Töne der Musik stehen in einer strikten linearen Ordnung. Zwar ändert sich die Schwingungsbreite der Töne je nach Instrument und Stimme. Aber die Schwingungsfrequenz ist für den Hörer absolut stabil. Mit den Farben ist das aber ganz anders. Ihnen liegt eine dreidimensionale Ordnung zugrunde (was Leonardo nicht wissen konnte und deshalb nicht wusste). Und die resultierende Farbempfindung für eine Körperfarbe ist keineswegs stabil. Sie ändert sich in Abhängigkeit von der Lichtfarbe des Beleuchtungslichtes, in Abhängigkeit von den Umfeldfarben und in Abhängigkeit vom Adaptationszustand der Augen. Das wird später an entsprechender Stelle ausführlich erklärt (s. S. 85 ff.). Die getrennt stehenden Töne eines Akkordes in der Musik wirken gleichzeitig zusammen und werden dennoch getrennt gehört. Bei Farbmischungen ist das aber anders. Sie werden als einheitliche Farbnuancen wahrgenommen. Auch gibt es bei den Farben in einem Bild häufig keine harte, klare Trennung zwischen den einzelnen Farbtönen. Vielmehr gehen diese in einem Gemälde sehr oft stufenlos in einander über. Bis in unsere Zeit hinein hat es immer wieder Versuche gegeben, Analogien zwischen der Harmonieentstehung in der Farbanwendung und in der Musik herzustellen. Offenbar war es dabei aber immer so, dass diejenigen, die solche Versuche anstellten, keine klare Vorstellung von der zugrunde liegenden Farbentheorie hatten.

Franciscus Aguilonius (1546–1617)

Den ersten uns bekannt gewordenen Versuch, die Farben in eine systematische geometrische Ordnung zu bringen, finden wir bei dem Jesuiten Aguilonius. 1615 erscheint in Antwerpen seine Schrift *Ophicorum libri sex*. Darin entwickelt er eine lineare Ordnung zwischen Weiß und Schwarz, also zwischen Hell und Dunkel. Diese Ordnung entspricht der Überzeugung der alten Griechen, dass alle Farben zwischen Licht und Finsternis, also zwischen Weiß und Schwarz entstehen. Wir sehen in seinem Schema Weiß links stehen. Dann folgen Gelb, Rot und Blau und zuletzt Schwarz, das am rechten Ende seinen Platz hat. Diese Darstellung baut darauf auf, dass es zwischen diesen Farben logische kontinuierliche Übergänge gibt. Nur das Grün *(viridis)* kann natürlich nicht untergebracht werden. Deshalb baut Aguilonius zwischen Gelb und Blau eine Parallelstrecke auf. Zwischen Gelb und Rot benennt er als Mischung Gold *(aureus)* und zwischen Rot und Blau Purpur *(purpureus)*. Die Bogen über der linearen Farbenordnung sollen wohl bedeuten, dass man grundsätzlich jede dieser Farben mit jeder anderen mischen kann.

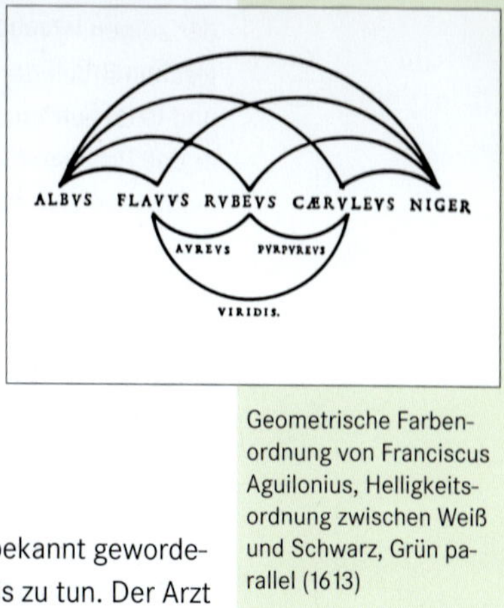

Geometrische Farbenordnung von Franciscus Aguilonius, Helligkeitsordnung zwischen Weiß und Schwarz, Grün parallel (1613)

Robert Fludd (1574–1637)

Hier haben wir es mit der ersten uns bekannt gewordenen Ordnung der Farben in einem Kreis zu tun. Der Arzt Robert Fludd wollte offenbar darstellen, dass es nicht nur zwischen den bunten Farben logische, kontinuierliche Übergänge gibt, sondern auch zwischen den unbunten Farben Schwarz und Weiß. Und das versuchte er in einem umfassenden System darzustellen. Da auch ihm allem Anschein nach daran gelegen ist, die Farben entsprechend ihren Helligkeiten zu ordnen, gibt er ihnen, entgegen den Uhrzeigersinn betrachtet, folgenden Ablauf: Weiß *(albus)*, Gelb, Orange, Rot, Grün, Blau, Schwarz *(niger)*. Das ist, bis auf eine Stelle, durchaus nachzuvollziehen. Denn von Weiß aus über Gelb und Orange zu Rot haben wir wieder die logischen, kontinuierlichen Übergänge. Dann kommt der Bruch. Denn von Rot zu Grün gibt es solche Übergänge nicht. Aber von Grün zu Blau und von Blau zu Schwarz sind sie wieder vorhanden. Offenbar stellt sich Fludd von Weiß zu Schwarz einen kontinuierlichen, abnehmenden Helligkeitsverlauf der bunten Farben vor, der bei Schwarz seinen Tiefpunkt erreicht und dann von Schwarz über den Verlauf der Graustufen bei Weiß wieder seinen Höhepunkt findet. Wieso er sich mit dem logischen Bruch der fehlenden Übergänge zwischen Rot und Grün zufrieden gab, können wir nicht wissen. Hat er das Problem nicht erkannt? Oder wusste er sich nicht anders zu helfen, als es zu übersehen?

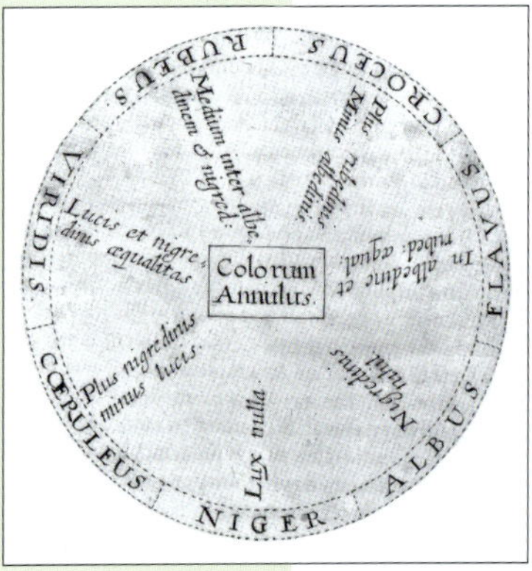

Robert Fludd ordnet sieben Farben in einem Kreis an (1626).

Johannes Kepler (1571–1630)

»Die Netzhaut wird bemalt von farbigen Strahlen der sichtbaren Welt. Diese Bemalung ist nicht nur eine oberflächliche Veränderung der Netzhaut und besteht nicht darin, dass das Licht nur über sie hinweghuscht, sondern sie ist eine qualitative, in den Sehstoff eindringende (…) Jene Abbildung auf der Netzhaut ist also eine in die Tiefe dringende Veränderung. Aber diese Abbildung schließt noch nicht den ganzen Sehakt ab, sondern ein

Bild der so veränderten Netzhaut geht auf ununterbrochenem, geistigem Strome in das Gehirn und wird dort an den Sitz des Sehvermögens abgeliefert.«

Im Jahre 1611 hat der Astronom und Mathematiker Johannes Kepler damit die Erklärung des Sehvorganges prinzipiell zutreffend beschrieben. Denn die Sehzellen in der Netzhaut wandeln die Energieimpulse des Lichtes in organeigene elektrische Impulse um, die über die Nervenbahnen (als »geistiger Strom«) ins Gehirn geleitet werden, wo die Gesichtsempfindung entsteht.

Johannes Kepler, *Die Netzhaut wird bemalt*

René Descartes (1596–1650)
Descartes war Philosoph, Naturwissenschaftler und Mathematiker. In seiner Abhandlung *Dioptrique* übernimmt er die Hypothese des Cartesius, wonach das Licht aus winzigen Kügelchen bestehe. Er stellt sich vor, dass es sich geradlinig fortpflanze und dass es die drei Grundfarben *Rot, Grün* und *Violett* gebe, die durch verschiedene Rotations- und Fortpflanzungsgeschwindigkeiten entstünden. Auch das ist ein interessanter Erklärungsversuch, wenn wir uns anstelle seiner Kügelchen die Photonen des Lichtes vorstellen. Wenn Descartes tatsächlich mit den von ihm benannten Grundfarben Rot, Grün und Violett die resultierenden Farbempfindungen meinte, die wir heute präzise und unverwechselbar Orangerot, Grün und Violettblau (RGB) nennen, ist er der erste, der diese drei Empfindungskräfte des Sehorgans, die bei uns heute die drei ›Urfarben‹ heißen, richtig beschrieben hat.

Robert Boyle (1627–1691)
»Die Lichtstrahlen werden von den Körpern, woher sie zurückgeworfen und gebrochen zum Auge kommen, modifiziert und bringen so jene Empfindung hervor, wel-

René Descartes

»Die Gegenstände, die wir wahrnehmen, senden ihre Bilder zum Gehirn. (...) Ein Mensch befindet sich in einem völlig verschlossenen Zimmer, das nur ein einziges Loch besitzt, vor das eine Linse gebracht wird. In einem gewissen Abstand davon spannt man ein weißes Tuch aus, auf dem das Licht, das von den äußeren Gegenständen ausgeht, die Bilder hervorbringt. Das Loch ist die Pupille. Das Glas entspricht dem Kristallwasser oder besser allen Teilen des Auges, die eine Brechung hervorrufen. Die Leinwand stellt die innere Haut dar, die aus den Enden des optischen Nervs zusammengesetzt ist.

Sie können hierüber noch bessere Gewissheit erlangen, wenn Sie sich das Auge eines verstorbenen Menschen oder, statt dessen, eines Ochsen oder eines anderen großen Tieres beschaffen. An der Rückseite des Auges schneiden Sie vorsichtig die drei Häute, die es umgeben, ab, ohne dass das Auge ausläuft (...)

Und man weiß, dass die Empfindung nicht eigentlich dadurch zustande kommt, dass die Seele sich in den Gliedern befindet, die den äußeren Sinnen als Organ dienen, sondern dass sie im Gehirn ihren Sitz hat (...)

Sie können es sich vielleicht vorstellen, dass die Farben der bunten Körper nichts anderes sind, als die verschiednen Arten, auf die die Körper das Licht empfangen und in unser Auge zurückstrahlen.«

che wir Farbe zu nennen pflegen. Ob aber diese Modifikation des Lichtes geschehe, indem es mit dem Schatten gemischt wird, (...) oder auf irgendeine andere Weise, dies unterstehe ich mich nicht hier auszumachen.«

Boyle war englischer Naturforscher und einer der Mitbegründer der Royal Society. Seine Überlegung ist durchaus richtig. Das Licht der Allgemeinbeleuchtung wird von den Körpern modifiziert zurückgeworfen und fällt dann als Farbreiz ins Auge. Völlig zutreffend beschreibt Boyle damit, wie das Licht durch die Absorptionsfähigkeit des Materials verändert, modifiziert, wird und dass dies die eigentliche Ursache für die verschiedenen Farben der Gegenstände ist.

Richard Waller (Ende 17. Jh.)

In London publiziert er 1686 seine Ordnungsversuche, die das Ziel haben, einen *standard of colours,* einen Farbenstandard, zu entwickeln. Er verlässt die bisher übliche Farbanordnung nach Helligkeiten und die bis

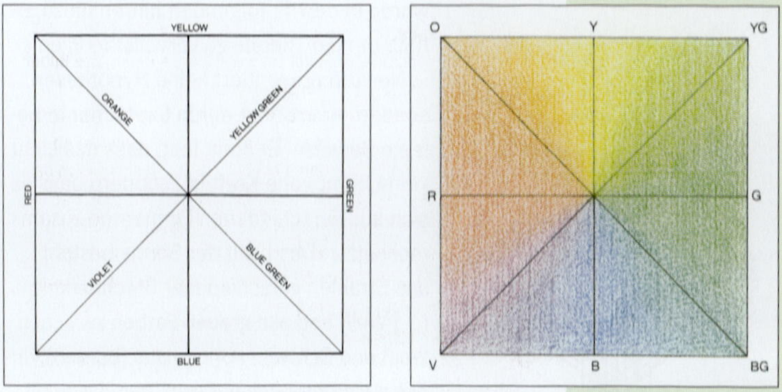

Richard Waller ordnet Gelb, Rot, Blau und Grün in einem Quadrat (1686).

dahin gebräuchlichen sieben bunten Farben und wählt die geometrische Form des Quadrates. Darin ordnet er die bunten Farben Gelb, Rot, Blau und Grün so an, dass jede von ihnen in der Mitte einer Quadratseite sitzt und die Farben stufenlos ineinander übergehen.

Isaak Newton (1643–1727)

Newton wurde als Sohn eines Landwirtes geboren. Er studierte in Cambridge und entwickelte als Astronom, Physiker und Mathematiker bahnbrechende neue theoretische Ansätze. Als er 1668 damit beschäftigt war, nach Verbesserungen der Teleskope zu suchen, störten ihn die Farbsäume an den Rändern, die zu Unschärfen der Abbildung führten. Das war für ihn der Grund, sich intensiv mit der Natur des Lichtes zu beschäftigen. Damals war allgemein bekannt, dass bunte Farben entstehen, wenn das Licht durch die Facette eines Spiegels oder eines geschliffenen Glases gebrochen wird. Es gibt eine Darstellung von Della Porta aus dem Jahre 1593, die offenbar die Entstehung bunter Farben durch Brechung weißen Lichtes durch ein Prisma erklärt. Sicherlich waren Newton diese Erkenntnisse seiner Zeit bekannt, als er begann, mit Glasprismen zu experimentieren. Im Vorwort zu seinem Buch *Opticks* schreibt er: »Ein Teil des Diskurses über das Licht wurde 1675 auf Wunsch einiger Herren der Royal Society geschrieben. Der Rest

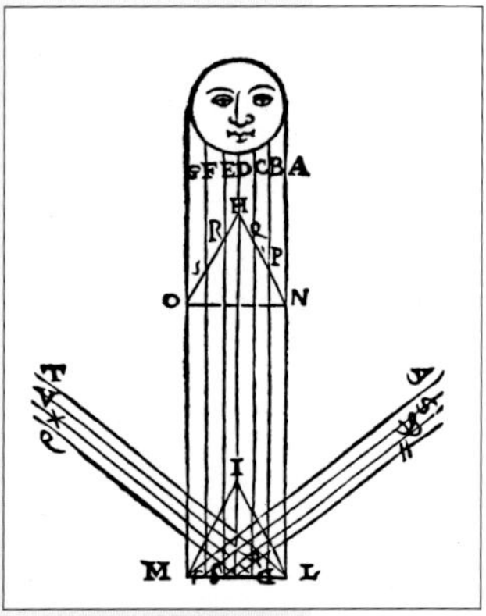

Giovanni Battista della Porta (1538–1615), *Bunte Farben entstehen durch Brechung.*

wurde in den 12 folgenden Jahren hinzugefügt, um die Theorie zu vervollständigen.«

Newton präsentiert keine Hypothesen, sondern er erbringt durch Experimente belegte Beweise. Er stellt fest, dass das Licht keine homogene Kraft ist, sondern dass es sich aus verschiedenen Elementen zusammensetzt: »Das Licht der Sonne besteht aus Strahlen verschiedener Brechbarkeit. (...) Weiß und alle grauen Farben zwischen Weiß und Schwarz können aus (bunten) Farben zusammengesetzt sein, und das Weiß des Sonnenlichtes ist zusammengesetzt aus allen Grundfarben, gemischt in den benötigten Anteilen. (...) Proportional zu den sieben Tönen der Musik oder den Intervallen zwischen den acht Klängen (einer Oktave)...«

Newton hat die Farben des Spektrums beschrieben und in seinem Farbenkreis (S. 34) angeordnet. Diesen sieben Farben gibt er die Farbnamen Rot, Orange, Gelb, Grün, Blau, Indigo und Violett. Etwas später sagt er: »Denn es ist bewiesen, dass die Veränderung der Farben, die durch Brechung entstehen, keine Modifikation dieser Strahlen ist, welche durch die Brechung bewirkt wird, oder durch den Einfluss von Licht und Schatten, was die nachhaltige und allgemeine Meinung der Philosophie gewesen ist.«

Mit seinen Erkenntnissen über die Struktur des Lichtes hat Newton die Grundlage für eine neue Farbentheorie geschaffen. Er beweist, dass Farberscheinungen auf Energiestrahlungen des Lichtes zurückzuführen sind. Kategorisch wendet er sich gegen die bis dahin vertretene Meinung, dass die bunten Farben durch eine Mischung von Licht und Schatten zustande kommen. Interessanterweise spricht Newton nicht von bunten Strahlen. Er sagt nicht »rote Strahlen«, sondern »rot machende Strahlen«. Das könnte schon ein Hinweis darauf sein, dass er sich bereits darüber im Klaren war, dass Farben immer nur als Empfindung beim Betrachter entstehen.

Von ganz wesentlicher Bedeutung scheint mir die Frage zu sein, wie Newton auf die Idee gekommen ist, die lineare Ordnung der Energiestrahlen des Spektrums, die ja eine geometrische gerade Linie ist, in einem Kreis, im Farbenkreis, darzustellen. Beim intensiven Studium der englischen Originaltexte von *Opticks* konnte ich keinerlei Hinweise darauf finden, warum er auf diesen Gedanken kam. Und studiert man seinen Farbenkreis, dann stellt man fest, dass er das Spektrum dergestalt zusammengebogen hat, dass sich die beiden Spektrumsenden berühren, dass also die kürzesten Wellenlängen neben den längsten stehen. Ist ihm nicht bewusst geworden, dass es völlig unlogisch ist, die lineare Ordnung der Wellenlängen nach ihrer Größe so zusammenzubiegen, dass an der Schnittstelle kein kontinuierlicher, organischer Übergang möglich ist? Hat er nicht bemerkt, dass in seinem Farbenkreis an dieser Schnittstelle die bunte Farbe Purpurrot, die wir heute Magentarot nennen, fehlt? Kannte er, der Theoretiker und Physiker, die Farbe Purpurrot vielleicht gar nicht? Oder hat er, wie vor ihm Robert Fludd, diesen Bruch in Kauf genommen, um einen Kreis zu bilden, weil er keine Alternative zu diesem Bruch gesehen hat? Da er seine optischen Versuche gleichzeitig mit mehreren Prismen durchführte, hätte ihm doch auffallen können, vielleicht sogar auffallen müssen, dass eine völlig neue Farbe entsteht, nämlich dieses Magentarot, wenn man die beiden Spektrumsenden, also die kurzwelligen und die langwelligen Strahlen, übereinanderblendet. Ich halte es durchaus für möglich, dass der Newtonsche Farbenkreis noch niemals mehrfarbig ausgefertigt worden ist, mit seinen verlaufenden Übergängen von einer bunten Farbe zur nebenstehenden. Denn zwischen Newtons Rot und Newtons Violett ist, wie gesagt, ein

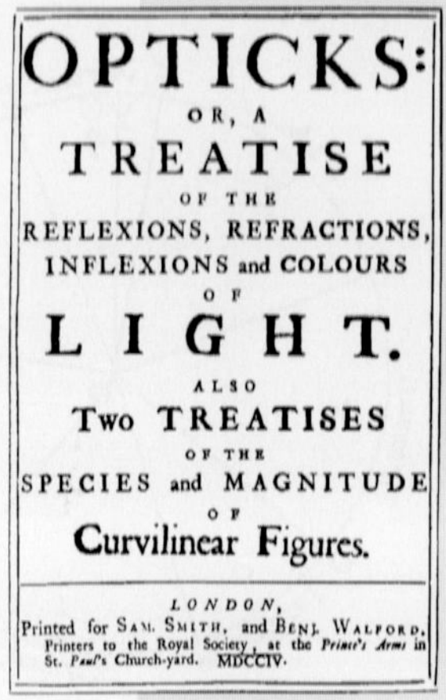
OPTICKS:
OR, A
TREATISE
OF THE
REFLEXIONS, REFRACTIONS, INFLEXIONS and COLOURS
OF
LIGHT.
ALSO
Two TREATISES
OF THE
SPECIES and MAGNITUDE
OF
Curvilinear Figures.

LONDON,
Printed for Sam. Smith, and Benj. Walford, Printers to the Royal Society, at the Prince's Arms in St. Paul's Church-yard. MDCCIV.

Titelseite von Newtons Buch *Opticks* (1704). Goethe über Newtons Theorie: »Freunde, flieht die dunkle Kammer, // Wo man euch das Licht verzwickt // Und mit kümmerlichstem Jammer // Sich verschrobnen Bildern bückt. // Abergläubische Verehrer // Gab's die Jahre her genug, // In den Köpfen Eurer Lehrer // Laßt Gespenster, Wahn und Trug. // Wenn der Blick an heitern Tagen // Sich zur Himmelsbläue lenkt, // Beim Siroc der Sonnenwagen // purpurrot sich niedersenkt, // Da gebt der Natur die Ehre, // Froh an Aug' und Herz gesund, // und erkennt der Farbenlehre // Allgemeinen ewigen Grund.«

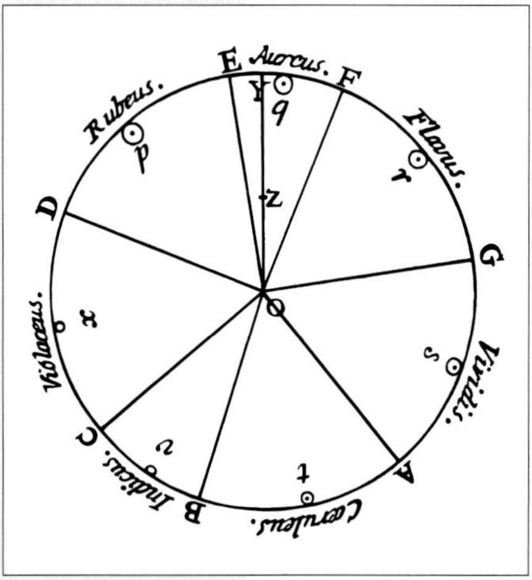

Farbenkreis von Newton mit den sieben Farbbereichen Rot, Orange, Gelb, Grün, Blau, Indigo und Violett

organisch verlaufender Übergang nicht möglich.

Newtons Farbenkreis ist von ihm nicht lediglich als Ordnung der bunten Spektralfarben auf der Außenlinie der Kreisfläche gedacht. Vielmehr stellt er sich vor, dass in deren Mittelpunkt Weiß steht, wobei jede bunte Spektralfarbe des Außenkreises zum Kreismittelpunkt hin mehr und mehr verweißlicht wird. Damit soll diese Darstellung offenbar ein Ordnungssystem der Mischungen aller bunten Farben mit Weiß sein. Er erklärt dazu: »(…) und wenn sie (die Farbe) sich im Zentrum 0 befindet, hat die Farbe ihre Intensität verloren und wird weiß.«

Die Idee, die Farben in einem Kreis anzuordnen, geht anscheinend auf eine im Mittelalter entwickelte Skala zurück, die den Ärzten bei der Diagnose von Urinfarben helfen sollte. Diese Skala verlief von Weiß über Gelb und Rot nach Schwarz. Den ersten mehrfarbig ausgeführten Farbenkreis finden wir bei Claude Boutet in seinem Buch *Traité de la Peinture en mignature* (1708). Er ordnet darin die sieben Newton-Farben nebeneinander im Kreis stehend an, nennt sie aber anders: *Blau, Grün, Gelb, Orange, Feuerrot, Karmesinrot* und *Violett.*

Der Farbenkreis wird inzwischen durch das unlogische Einfügen des Magentarotbereiches in die Schnittstelle zwischen Orange und Violett weltweit als Schema für die Ordnung der bunten Farben verwendet. Dieser Farbenkreis erweist sich aber als eine willkürliche, durch keinerlei physikalische oder physiologische Fakten begründete Konstruktion. Sie rechtfertigt sich lediglich durch das Aussehen der Farben, durch die Farberscheinung für den Betrachter.

Jakob Christoph Le Blon (1667–1741)

Le Blon, geboren in Frankfurt am Main, war Maler und Kupferstecher. Offenbar hatte er die Erkenntnisse Newtons sorgfältig studiert. Die Tatsache, dass sich weißes Licht durch ein Glasprisma in bunt aussehende Farben aufspalten und sich danach wieder zu Weiß vereinigen lässt, regte ihn zu systematischen Mischversuchen mit seinen Malerfarben an. Als Kupferstecher war er mit den damaligen Möglichkeiten des Druckens vertraut. Er experimentierte mit Druckplatten, um durch Übereinanderdruck transparenter Farben die größtmögliche Vielfalt von Mischfarben zu erzeugen. Dabei kam er zu der Überzeugung, dass drei Platten, die in den Farben *Gelb, Rot* und *Blau* übereinander gedruckt werden, genügen, um alle anderen Farben durch Mischung zu erzeugen. In seinem Buch *L'art d'imprimer les tableaux,* das zweisprachig in Englisch und Französisch herauskam, schreibt er:

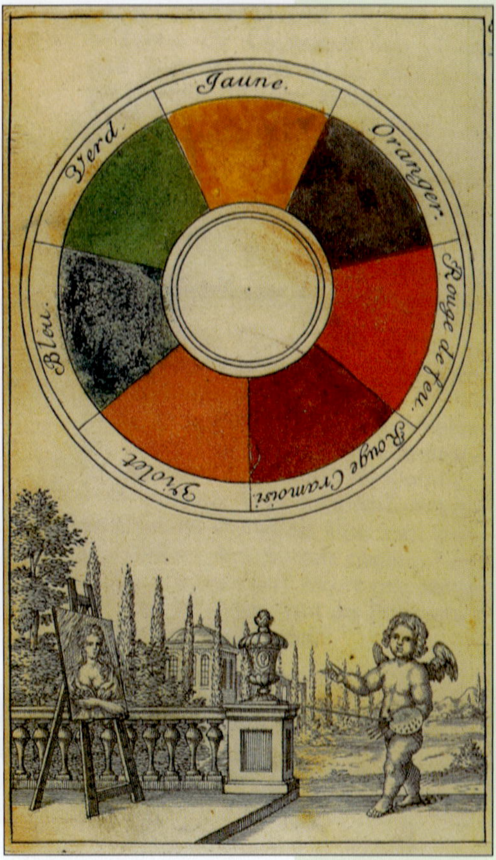

Claude Boutet, erster farbig ausgeführter Farbenkreis (1708)

»Traité du Coloris

Die Malerei kann alle sichtbaren Objekte mit drei Farben wiedergeben, nämlich Gelb, Rot und Blau; denn alle anderen Farben können sich aus diesen drei zusammensetzten, die ich Grundfarben (couleurs primitives) nenne. Zum Beispiel Gelb & Rot machen Orange, Rot und Blau machen Purpur & Violett, Blau & Gelb machen Grün. (...) Und die Mischung dieser drei Grundfarben zusammen produziert Schwarz und all die anderen Farben, wie ich sichtbar gemacht habe durch die Praxis meiner Erfindung, die Objekte mit ihren natürlichen Farben zu drucken. (...) Ich spreche hier von materiellen Farben, also von den Farben, die der Maler verwendet; Denn die Mischung von allen nicht materiellen Farben ergibt nicht Schwarz sondern genau das Gegenteil, nämlich Weiß; wie in unvergleichlicher Weise Monsieur le Chevalier Newton demonstriert hat.

Weiß ist eine Konzentration, ein Übermaß von Licht.

Schwarz ist ein Mangel, ein Fehlen von Licht.

Aber das eine wie das andere kommt durch Mischung der Grundfarben zustande; aber das eine entsteht durch nicht materielle Farben, das andere durch materielle Farben.«

Jakob Christoph Le Blon, Titelseite von *L'art d'imprimer les tableaux*

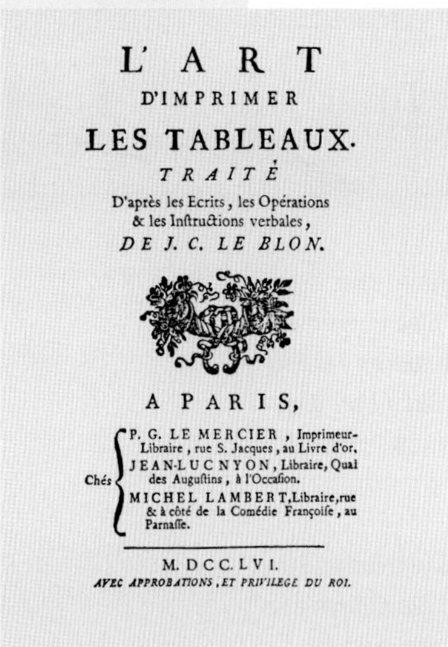

L'ART
D'IMPRIMER
LES TABLEAUX.
TRAITÉ
D'après les Ecrits, les Opérations & les Inſtructions verbales,
DE J. C. LE BLON.

A PARIS,

Chés P. G. LE MERCIER, Imprimeur-Libraire, rue S. Jacques, au Livre d'or.
JEAN-LUC NYON, Libraire, Quai des Auguſtins, à l'Occaſion.
MICHEL LAMBERT, Libraire, rue & à côté de la Comédie Françoiſe, au Parnaſſe.

M. DCC. LVI.
AVEC APPROBATIONS, ET PRIVILEGE DU ROI.

So wurde Le Blon 1710 der Erfinder des Dreifarbendrucks. Im Laufe der Zeit stellte er aber fest, dass er durch Übereinanderdruck seiner drei Druckfarben Gelb, Rot und Blau kein befriedigendes Schwarz erzielen konnte. Deshalb fügte er 1732 seinen drei bunten Druckfarben noch das Schwarz als vierte Druckfarbe hinzu und wurde damit auch der Erfinder des Vierfarbendrucks.

Moses Harris (1731–1785)

Harris war Kupferstecher und Insektenforscher. Er veröffentlichte in England in seinem Buch *The Natural System of Colours* (1766) den ersten Farbenkreis, der die Übergänge zwischen den benachbarten Farben zeigt. Harris ging von drei Grund-

Erster Dreifarbendruck von Le Blon

farben Gelb, Rot und Blau aus und setzt zwischen je zwei von ihnen Orange, Grün und Purpur. Dies scheint der erste Farbenkreis zu sein, in dem die ›prismatische Lücke‹ zwischen den kurzwelligen und den langwelligen Farben des Spektrums durch Einfügen von Purpurrot geschlossen worden ist. Damit wird Newtons Idee von sieben Farben im Spektrum verlassen.

In Harris' Farbenkreis finden wir 18 bunte ›Farbtöne‹ angeordnet, die wir heute als Buntarten bezeichnen. Offenbar stellt ein mittlerer Ring die reine Buntart dar. Zur Kreismitte hin sieht man Verschwärzlichungsstufen, zum Außenrand hin Verweißlichungsstufen. Auf diese Weise entsteht ein logisch aufgebautes System von 180 Farbnuancen.

Im Innenkreis ist ein Schema der subtraktiven Farbmischung angeordnet. Hier soll dargestellt werden, dass Schwarz entsteht, wenn die drei transparenten

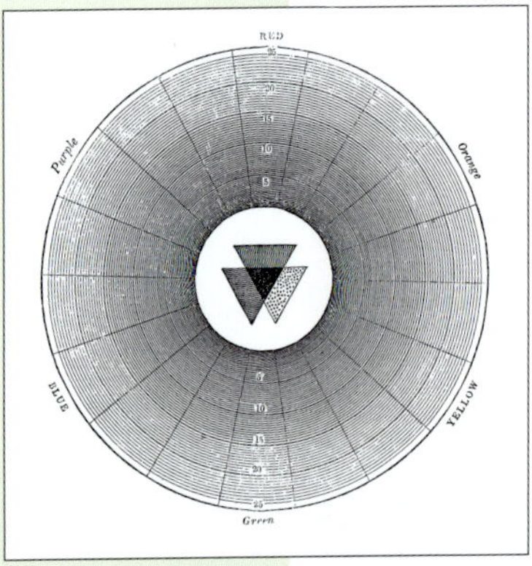

Moses Harris, erster Farbenkreis mit sechs Ausgangsfarben und kontinuierlichen Übergängen

Farbschichten Gelb, Rot und Blau übereinanderliegen.

Johann Heinrich Lambert (1728–1777)
Der elsässische Mathematiker und Naturforscher Lambert gilt als Begründer der Lehre von der Lichtmessung. Lambert schlägt die dreidimensionale systematische Ordnung der Farbenvielfalt in seiner Dreikant-Pyramide vor. Dabei ordnet er die Farben Zinnoberrot, Königsgelb und Bergblau an den Dreiecksecken der Grundfläche an. Zwischen jeweils zwei Eckfarben fügt er sieben durch Mischung entstehende Stufen ein. In der Mitte des Dreiecks sitzt das Schwarz. So entstehen auf der Grundfläche 45 Farbnuancen. Auch zwischen Schwarz und Weiß, das an der Spitze der Pyramide sitzt, sind sieben Stufen eingefügt, die in der Abbildung als Schnittebenen zu sehen sind. Auf diese Weise schafft Lambert eine räumliche Ordnung von insgesamt 112 Farbnuancen. Das ist offenbar die erste dreidimensionale Farbenordnung in der historischen Entwicklung. In der Abbildung rechts oben sehen wir ein Modell des Farbenraumes seiner Dreikant-Pyramide als ›Farbenkörper‹.

Johann Heinrich Lambert, erste dreidimensionale Farbenordnung

Tobias Mayer (1723–1762)
Mayer ist Mathematiker und Astronom. Er hält 1758 vor der Göttinger Akademie der Wissenschaften einen Vortrag mit

dem Titel *De affinitate colorum commentatio,* in dem er sein Farbenraummodell der Dreikant-Doppelpyramide vorstellt. Auch er geht dabei von Gelb, Rot und Blau als den drei Grundfarben aus, die er an den Ecken eines Dreiecks anordnet. Durch die Mitte dieses Dreiecks lässt er die Grauachse verlaufen, mit den Endpunkten Weiß (oben) und Schwarz (unten). Dies ist ein durchaus logischer Schritt, denn es gibt ebenso viele verweißlichte wie verschwärzlichte Farbnuancen. Dadurch entsteht das Farbenraummodell einer Dreikant-Doppelpyramide.

Modell der Pyramide von Lambert

Mayer überlegt, dass kleinste Unterschiede zwischen den Farben nicht wahrgenommen werden können. Deshalb teilt er die Abstände zwischen zwei seiner Grundfarben in zwölf Stufen ein wie bei der Abstufung der halben Töne einer Oktave. Auf diese Weise ergeben sich 36 Buntarten. Das jeweilige Mischungsverhältnis kennzeichnet er durch Angabe der Mengenteile, zum Beispiel »r6g6« für eine Buntart, die aus je sechs Mengenteilen von Rot und Gelb gemischt ist. Von Schwarz und Weiß nimmt er an, dass sie nur zum Aufhellen oder Verdunkeln der Buntartnuancen dienen.

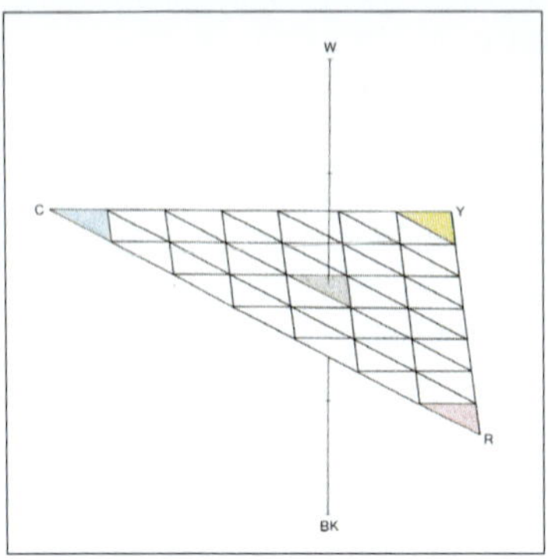

Tobias Mayer verlängert die Unbuntachse nach unten (unten links).

Modell der Dreikant-Doppelpyramide (unten rechts)

Johann Wolfgang von Goethe (1749–1832)

Goethe, der überragende Dichter und leidenschaftliche Naturforscher, der in Weimar, wie wir heute sagen würden, ein Ministeramt bekleidete, hat der Farbenlehre enorme Aufmerksamkeit und Zeit zugewendet. Hier zunächst einige Auszüge aus seinem Buch *Zur Farbenlehre.* Er berichtet, wie er durch ein Glasprisma auf eine weiße Wand blickte und dort zu seiner großen Verwunderung das, was er entsprechend der Lehre von Newton zu sehen erwartet hatte, nämlich die bunten Farben des Spektrums, nicht sehen konnte:

»Es bedurfte keiner langen Überlegung, so erkannte ich, dass eine Grenze notwendig sei, um Farben hervorzubringen, und ich sprach wie durch einen Instinkt sogleich vor mich laut aus, dass die Newtonsche Lehre falsch sei. (...)

Auf einen schwarzen Grund hatte ich eine weiße Scheibe gebracht, welche in gewisser Entfernung durchs Prisma angesehen, das bekannte Spektrum vorstellte, und vollkommen den Newtonschen Hauptversuch in der *camera obscura* vertrat. Eine schwarze Scheibe auf hellem Grund machte aber auch ein farbiges und gewissermaßen noch prächtigeres Gespenst. Wenn sich dort das Licht in so vielerlei Farben auflöst, sagte ich zu mir selbst, so müsste ja hier auch die Finsternis als in Farben aufgelöst angesehen werden. (...)

Da ich in solchen Dingen gar keine Erfahrung hatte, (...) so ersuchte ich einen benachbarten Physiker, die Resultate dieser Vorrichtung zu prüfen. Ich hatte ihn vorher bemerken lassen, dass sie mir Zweifel in Absicht auf die Newtonsche Theorie erregt hätten, und hoffte sicher, dass der erste Blick auch in ihm die Überzeugung, von der ich ergriffen war, aufregen würde. Allein wie

Johann Wolfgang von Goethe. »Auf alles was ich als Poet geleistet habe, bilde ich mir gar nichts ein. Es haben treffliche Dichter mit mir gelebt, es lebten noch trefflichere vor mir und es werden ihrer nach mir sein. Daß ich aber in meinem Jahrhundert in der schwierigen Wissenschaft der Farbenlehre der einzige bin, der das Rechte weiß, darauf tue ich mir etwas zugute, und ich habe daher ein Bewusstsein der Superiorität über viele.«

verwundert war ich, als er zwar die Erscheinungen in der Ordnung wie sie ihm vorgeführt wurden, mit Gefälligkeit und Beifall aufnahm, aber zugleich versicherte, dass diese Phänomene bekannt und aus der Newtonschen Theorie vollkommen erklärt seien. Diese Farben gehörten keineswegs der Grenze, sondern dem Licht ganz allein an. (…)

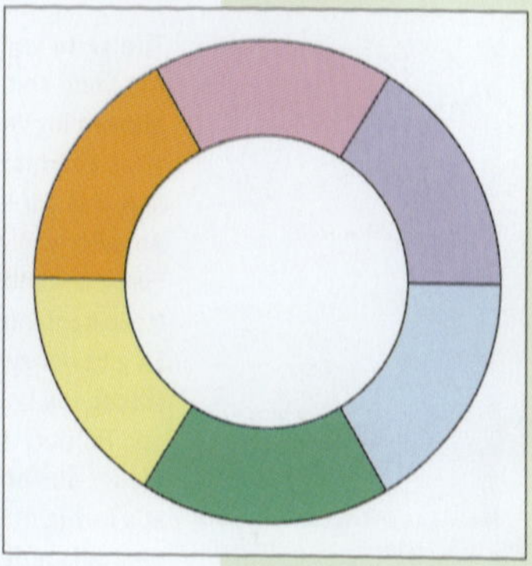

Goethes Farbenkreis

Die Lehre dagegen, von der wir überzeugt sind, und von der wir diesmal nur insofern sprachen, als sie der Newtonschen entgegensteht, beschäftigt sich auch mit dem weißen Lichte. Sie bedient sich auch äußerer Bedingungen, um farbige Erscheinungen hervorzubringen. Sie gesteht aber diesen Bedingungen Wert und Würde zu, sie bildet sich nicht ein, Farben aus dem Lichte zu entwickeln, sie sucht uns vielmehr zu überzeugen, dass die Farben zugleich von dem Lichte und von dem, was sich ihm entgegenstellt, hervorgebracht würden. (…)

Von nun an fügt sich alles nach und nach unter höhere Regeln und Gesetze, die sich aber nicht durch Worte und Hypothesen dem Verstande, sondern gleichfalls durch Phänomene dem Anschauen offenbaren. Wir nennen sie Urphänomene (…). Ein solches Urphänomen ist dasjenige, das wir bisher dargestellt haben. Wir sehen auf der einen Seite das Licht, das Helle, auf der anderen die Finsternis, das Dunkle, wir bringen die Trübe zwischen beide, und aus diesen Gegensätzen, mit Hilfe gedachter Vermittlung, entwickeln sich gleichfalls in einem Gegensatz, die Farben, deuten aber alsbald, durch einen Wechselbezug, unmittelbar auf ein gemeinsames wieder zurück.«

Goethe interessieren nur die reinen bunten Farben, die Farben seines Farbenkreises. Dass die gesamte Farbenvielfalt erst durch Mischung der bunten Farben mit Weiß, den verschiedenen Graustufen und Schwarz entsteht, wird ihm von dem Maler Philipp Otto Runge, mit

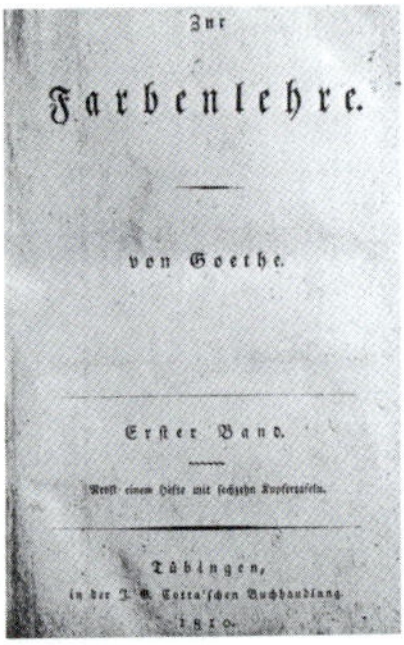
Zur
Farbenlehre.
von Goethe.
Erster Band.
Nebst einem Hefte mit sechzehn Kupfertafeln.
Tübingen,
in der J. G. Cotta'schen Buchhandlung.
1810.

Titelseite von Goethes Buch *Zur Farbenlehre* (1810).
Am Ende seiner Farbenlehre erklärt Goethe seine Überzeugungen im Vergleich zu Newton:
»Das Licht ist das Einfache, unzerlegteste, homogenste Wesen, das wir kennen. Es ist nicht zusammengesetzt.
Am allerwenigsten aus farbigen Lichtern. Jedes Licht, das eine Farbe angenommen hat, ist dunkler als das farblose Licht. Das Helle kann nicht aus Dunkelheit zusammengesetzt sein.
Es gibt nur zwei reine Farben, Blau und Gelb. Eine Farbeigenschaft, die beiden zukommt, Rot, und zwei Mischungen, Grün und Purpur; das übrige sind Stufen dieser Farben oder unrein. Weder aus apparenten Farben kann farbloses Licht, noch aus farbigen Pigmenten ein weißes zusammengesetzt werden. Alle aufgestellten Experimente sind falsch oder falsch angewendet.«

dem er korrespondiert, ausführlich erklärt. Goethe übernimmt davon aber nichts in sein Denken. Er betrachtet Farben, die mit Weiß, Grau oder Schwarz gemischt sind, als »beschmutzt«. Er kennt die Konstruktion von Runges Farbenkugel. Und auch die Ordnung der Farben in der Pyramide von Lambert muss ihm bekannt gewesen sein. Aber ganz offensichtlich fehlt diesem großartigen, so vielseitig begabten Dichter mit dem bewundernswerten Gedächtnis und dem überragenden poetischen Talent jede Fähigkeit zum abstrakten mathematischen Denken und jedes geometrische Vorstellungsvermögen.

Goethe ist überzeugt davon, dass alles Geschehen in der Welt durch polare Gegensätze zu erklären ist, wie bei der Elektrizität, dem Magnetismus und dem Leben selbst zwischen Geburt und Tod. So meint er, Farben entstünden durch die Polarität zwischen Licht und Finsternis. Er hält das Licht für das Einfache, für ein unteilbares »Urphänomen« und glaubt, die bunten Farben würden dadurch hervorgebracht, dass zwischen dem Licht und der Dunkelheit eine Wechselbeziehung bestehe, wodurch ein »trübes Mittel«, das zwischen Licht und Finsternis wirksam ist, bunte Farben hervorbringe. Er äußert die Vermutung, dass nicht nur das Licht in der

Lage sei, bunte Farben entstehen zu lassen, sondern auch die Finsternis. Im Grunde übernimmt er die Vorstellungen von Aristoteles, wonach bunte Farben durch die Wechselbeziehungen zwischen Licht und Finsternis entstehen. Auch das Phänomen der ›Nachbildfarben‹, nämlich jenen Effekt, dass man bei geschlossenen Augen Farben sieht, wenn man vorher in helles Licht geblickt hat, hatte Aristoteles bereits ausführlich beschrieben.

Goethe hält das Denken und das Sein des schöpferischen Geistes für wichtiger als das Experimentieren und Messen in der wissenschaftlichen Physik. Er meint, allein durch Anschauung und Instinkt, oder, wie wir heute sagen würden, allein durch den gesunden Menschenverstand, könne man zu entscheidenden, letzten Erkenntnissen gelangen.

Aus heutiger Sicht sind nur jene Teile seines Buches *Zur Farbenlehre* von Bedeutung, in denen er sich mit der Reaktion des Auges und mit der psychologischen Wirkung der Farben auf den Betrachter befasst. Goethe nennt das »die physiologischen Farben und die sinnlich-sittliche Wirkung der Farben«. Man kann seine Überlegungen und Beobachtungen in Bezug auf die Wirkung der Farben als den Ursprung, als den Beginn der Farbenpsychologie betrachten, die heute wesentliche Bedeutung erlangt hat.

Philipp Otto Runge (1777–1810)

Runge, der berühmte Maler und ein Zeitgenosse Goethes, stand mit diesem in regem Gedankenaustausch über Farbentheorie. Als Maler verfügte Runge über ausgiebige Erfahrung im Mischen von Farben. Im gleichen Jahr, in dem Goethe bei Cotta seine Farbenlehre veröffentlichte, nämlich 1810, erschien bei Perthes in Hamburg Runges Buch *Farben-Kugel oder Construction des Verhältnisses aller Mischungen der Farben zu einander, und ihrer vollständigen Affinität.* Runge schreibt darin: »Bekannt ist, dass durch die Vermischung von blauem und gelbem, grün; von gelbem und rothem, orange, und von rothem und blauem, violett erzeugt werden, dass aber auch, wenn z. B. in grünem das blaue stärker wirkt als gelb, sich das grüne in blau, wenn gelb stärker darin wirkt, es sich ins gelbe abstufft oder neigt, und sich zuletzt völlig darin verliert. Das übereinstimmende ist mit orange der Fall, (…) so wie violett (...).

Diese allgemein gleiche Entfernung aber von zwey verschiedenen Puncten, können wir unter keiner anderen Figur uns vorstellen, als (…) eine vollkommene Creislinie bildend (…)

Wie grün durch die Vermischung von blau und gelb erzeugt wird, so entsteht durch die Vermischung von weissem und schwarzem, grau; welches sich in weisslicher und schwärzlicher Neigung auf der Linie zwischen diesen beiden Puncten abstufft (…) Im Mittel aber, wo die beyden Kräfte in gleicher Stärke gegeneinander wirken wird der Punct seyn, wo dasselbe völlig gleichgültige grau, in gleicher Differenz und gleicher Neigung zu schwarz und weiss steht; welcher Punct (…) eben

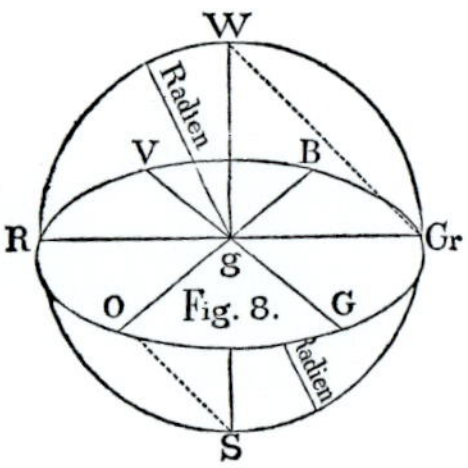

Philipp Otto Runge, Konstruktionsskizze der Farbenkugel.
In einem Brief vom 3. Juli 1806 schreibt Runge an Goethe: »Es ist ein sehr natürlicher Gedanke für einen Maler, wenn er zu wissen begehrt, indem er eine schöne Gegend sieht, oder auf irgend eine Art von einem Effekt in der Natur angesprochen wird, aus welchen Stoffen dieser Effekt wiederzugeben wäre. Dies hat mich wenigstens angetrieben, die Eigenheiten der Farben zu studieren und ob es möglich wäre, so tief einzudringen in ihre Kräfte, damit es mir deutlicher würde, was sie leisten oder was durch sie gewirkt wird, oder was auf sie wirkt. (…)
Drei Farben Gelb, Rot und Blau, gibt es bekanntlich nur. Wenn wir diese in ihrer ganzen Kraft annehmen und stellen sie uns wie ein Zirkel vor, so bilden sich aus den drei Farben Gelb, Rot und Blau drei Übergänge Orange, Violett und Grün (…), und diese sind in ihrer mittleren Stellung am brillantesten und die reinen Mischungen der Farben. (…)
Das Weiß macht durch seine Beimischung alle Farben matter, und wenn sie gleich heller werden, so verlieren sie doch ihre Klarheit und Feuer.
Das Schwarz macht alle Farben schmutzig, und wenn es solche gleich dunkler macht, so verlieren sie ebenso ihre Reinheit und Klarheit.«

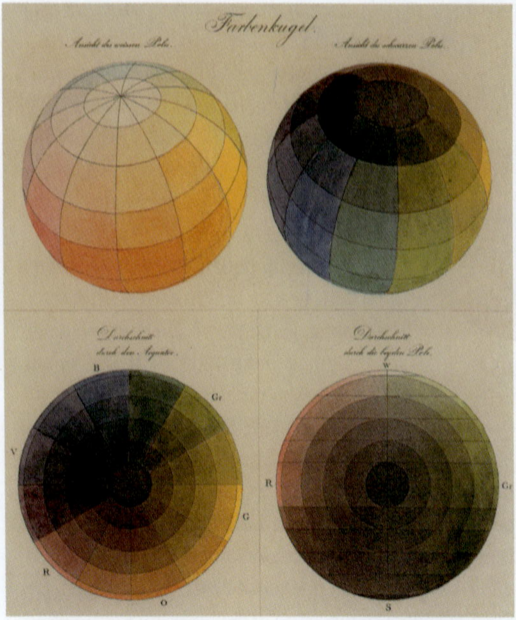

Oben: Blicke auf die Farbenkugel, unten: horizontale und vertikale Schnittebene

derselbe ist, auf welchem die Linie WS die Fläche des Farbencreises berührt und schneidet. Es wird also grün durch eine stärkere Beymischung von roth, in einen völlig farblosen Schmutz, oder in grau, aufgelöst; (…) Denn es werde blau mit orange vermischt, so lösen beyde sich eben sowohl in dasselbe farblose grau auf; so wie auch gelb mit violett.

Da ferner die drey Farben B. G. R. in gleicher Differenz mit W. und S. (…) stehen; so muss auch der Mittelpunct g der Farbenscheibe, in welcher jene dreye ihre Individualitäten eingebüsst haben, in gleicher Neigung zu W. und zu S. (…) stehen. Folglich, da diese beyden Punkte g. (der Mittelpunct von W. und S. und der Mittelpunkt des Dreyecks BGR) schon mathematisch angesehen in eins zusammenfielen, gehet izt, (…) auch aus der gleichen Neigung in demselben zu allen fünf Elementen, (…) hervor. (...) Dieser Punkt ist also, da er in gleicher Differenz mit allen fünf Elementen steht, als

Modell der Farbenkugel von Runge

der allgemeine Mittelpunct von allen anzusehen.«

Für Runge gibt es fünf »Elementarfarben«, nämlich Gelb, Rot, Blau, Weiß und Schwarz, die er als gleichwertig ansieht. Er begründet hier, warum er zum Modell der Farbenkugel kommt. Die Abkürzungen B, G, R in der Abbildung bedeuten Blau, Gelb und Rot. Er beschreibt, wie durch Mischung von jeweils zweien von ihnen Grün, Orange und Violett entstehen, wobei kontinuierliche Übergänge vorhanden sind. Und er schildert, wie durch Mischung von jeweils einem Paar von Gegenfarben das neutrale Grau hervorgebracht wird, nämlich dasselbe Grau, das sich auch bei der Mischung von Weiß und Schwarz ergibt. Dieses Grau liegt im Mittelpunkt des Farbenkreises, durch den senkrecht die Achse zwischen Weiß und Schwarz verläuft.

Auf dem Farbenkreis haben alle reinen bunten Farben den gleichen Abstand zum Kreismittelpunkt. Die Abbildung (S. 45) zeigt Zeichnungen aus Runges Buch, in denen er die Farbenkugel von zwei Seiten darstellt (oben) und einen horizontalen sowie einen vertikalen Querschnitt (unten). Da er den beiden Farben Weiß und Schwarz den gleichen Rang, die gleiche Bedeutung, zumisst wie den reinen bunten Farben, ist es für ihn logisch, dass sie den gleichen Abstand vom Mittelpunkt der Kreisfläche haben wie die reinen bunten Farben. Aus dieser Logik ergibt sich für ihn die Kugelform des Farbenkörpers.

Arthur Schopenhauer (1788–1860)

Goethe war darüber sehr verärgert, dass die Fachgelehrten ihn nicht ernst nahmen. Er ließ nichts unversucht, seinen Vorstellungen zur Farbenlehre Geltung zu verschaffen und Nachdruck zu verleihen. Deshalb erteilte er dem 25-jährigen Arthur Schopenhauer, dessen geniale Begabungen er erkannte und der später einer der bedeutendsten Philosophen deutscher Sprache werden sollte, ab 1813 etwa drei Jahre lang persönlichen Unterricht in seiner Farbenlehre. Allerdings hatte das nicht den gewünschten Erfolg. Schopenhauer war zwar von der Richtigkeit der Goetheschen Experimente überzeugt, zog jedoch daraus völlig andere Konsequenzen. Hier einige Auszüge aus Schopenhauers Buch *Farbenlehre*: »1. Ueber das Sehen und die Farben. 2. Theoria colorum physiologica: Die gegebene Erklärung der Farbe ist also im wesentlichen folgende. Die Farbe ist die quantitativ geteilte Tätigkeit der Retina. Die Verschiedenheit der Farben ist das Resultat der Verschiedenheit der quantitativen Hälften, in welche diese Tätigkeit auseinander gehen kann, und ihres Verhältnisses zueinander. Gleich können diese Hälften nur ein Mal sein, und dann stellen sie das wahre Rot und das vollkommene Grün dar. Ungleich können sie in unzähligen Verhältnissen sein, und daher ist die Zahl der möglichen Farben unendlich. (...)

Arthur Schopenhauer leitet die Farbentstehung von der Reaktion der Netzhaut ab.

Nun aber finden sich bei allen Völkern, zu allen Zeiten, für Rot, Grün, Orange, Blau, Gelb, Violett, besondere Namen, welche überall verstanden werden, als die nämlichen, ganz bestimmten Farben bezeichnend.«

Wenn Schopenhauer von »Hälften« spricht, meint er ›Teile‹. Er nimmt an, dass Weiß empfunden wird, wenn die Netzhaut ihre volle Tätigkeit entfaltet, und Schwarz, wenn sie untätig bleibt. Bunte Farben entstehen dann, glaubt er, wenn die Netzhaut teilweise tätig wird: Schwarz = 0, Violett = ¼, Blau = ⅓, Grün = ½, Rot = ½, Orange = ⅔, Gelb = ¾, Weiß = 1. Er geht davon aus, dass sich Gelb und Violett wie Blau und Orange und wie Rot und Grün zum gesamten Empfindungspotenzial der Netzhaut ergänzen. Das erklärt er so:

»Die Zahl der Farben ist unendlich, dennoch enthalten je zwei entgegengesetzte Farben die Elemente, die volle Möglichkeit aller anderen. Hierin liegt die Ursache davon, dass man von den chemischen drei Grundfarben Rot, Gelb und Blau ausgeht, jede von ihnen die beiden anderen im Verein zum Komplement hat. Denn die Farbe erscheint immer als Dualität. (...)

Wir haben bei der quantitativ geteilten Retina das Hervortreten der einen Hälfte wesentlich bedingt gefunden durch die Untätigkeit der anderen, wenigstens auf derselbigen Stelle. Untätigkeit der Retina aber ist, wie oben gesagt, Finsternis. Demnach muß das als Farbe erscheinende Hervortreten der qualitativen Hälfte der Tätigkeit der Retina durchaus von einem gewissen Grade von Finsternis, also von einiger Dunkelheit, begleitet sein.«

Schopenhauer glaubte, die Farbempfindung entstehe in der Netzhaut. Heute wissen wir, dass sie im Gehirn hervorgebracht wird. Aber seine Überlegungen weisen in die richtige Richtung. Durch die differenzierte Tätigkeit der in die Netzhaut eingebetteten Sehzellen werden die Farbempfindungen ausgelöst. Er beschreibt auch völlig richtig – ebenso wie Goethe –, dass jede beliebige Farbe im Empfindungsmechanismus die Gegenfarbe herausfordert. Heute nennen wir diesen Effekt Nachbildfarben. Und schließlich erklärt Schopenhauer zutreffend, dass man jenes Potenzial, welches eine beliebige Farbe im Empfindungsmechanismus nicht in Anspruch genommen hat, welches gewissermaßen frei geblieben ist, als Zumischung von Finsternis, also als Zumischung von Schwarz, verstehen muss.

Charles Robert Darwin (1809–1882)

Charles Darwin hat zur Farbenlehre nichts beigetragen. Sein Verdienst ist es, herausgefunden zu haben, wie sich das Leben auf der Erde entwickelt hat. Und daraus können wir wiederum Rückschlüsse ziehen auf die Entwicklung unserer Sinnesorgane.

Darwin begann ein Medizin- und Theologiestudium, um schließlich Naturwissenschaften zu studieren. Mit dem Forschungsschiff Beagle machte er als Begleiter eine fünfjährige Reise, die ihn auch zu den Galapagos-Inseln führte. Das Studium der dortigen Flora und Fauna brachte ihn 1835 zu der Überzeugung, dass die Arten sich durch Anpassung und Mutation ständig weiterentwickelten und immer noch weiterentwickeln.

Sicher ist, dass sich unser visuelles System, unser Sehorgan, ›am Lichte der Sonne‹ entwickelt hat. Ebenso sicher ist, dass unser Leben nur möglich ist, weil wir uns mit Hilfe unserer Augen orientieren und visuell informieren können.

Thomas Young (1773–1829)
Young war Physiker und Arzt. Er stellte 1801 die Hypothese auf, dass die Farbempfindung durch drei für verschiedene Spektralbereiche empfindliche Elemente im Auge hervorgebracht werde. Für ihn war das Licht eine Wellenbewegung, die sich durch die Luft fortpflanzt. Mit einem von ihm entwickelten Messverfahren gelang es ihm erstmalig, Wellenlängen zu bestimmen.

Michel Eugène Chevreul (1786–1889)
Als Physikprofessor erhielt er vom russischen Zaren einen Ruf als Leiter des Polytechnischen Instituts in St. Petersburg. In Paris war er Professor für organische Chemie und Direktor der königlichen Gobelinmanufaktur. In London war er Mitglied der Royal Society. Durch seine Tätigkeit in der Gobelinmanufaktur hatte er sich mit dem Problem herumzuschlagen, dass sich das Aussehen der Farbe durch den Einfluss der Umfeldfarben verändert (Simultankontrast). Er studierte dieses Phänomen und veröffentlichte ein Buch mit dem Titel *De la loi du contraste simultané des couleurs (Über das Gesetz des Simultankontrastes der Farben)*. Im 20. Jahrhundert sollte Josef Albers dieses Thema aufgreifen und sein berühmtes Werk *Interaction of Color* heraus-

bringen, in dem er zahlreiche Beispiele für Simultankontrast in hervorragender Qualität als Serigrafien zeigt. Chevreul sagt in seinem Buch in sinngemäßer Übersetzung:

»(156) Verschiedene grafische Konstruktionen wurden vorgeschlagen, um in Tafeln, Skalen, Farbenkreisen, Chromatometern etc. Farben und ihre Variationen mit dem Zwecke darzustellen, sie entweder durch Nummern oder durch sinnvolle Nomenklaturen zu kennzeichnen. Generell basiert dies alles auf folgenden Voraussetzungen:

1. Es gibt die drei Grundfarben Gelb, Rot und Blau.

2. Mischt man zwei von ihnen zu gleichen Teilen, dann erhält man reine Sekundärfarben.

3. Werden gleiche Teile der drei Grundfarben zusammengemischt, erhält man Schwarz.

(157) Es ist leicht, zu demonstrieren, dass die beiden letzten Aussagen reine Hypothesen sind, denn sie können nicht durch Experiment bewiesen werden. Tatsächlich

1. kennen wir kein Material, das eine solche Grundfarbe repräsentieren könnte bzw. das nur eine einzige Art von Farbstrahlen reflektierte, weder reines Rot noch reines Blau noch reines Gelb (...).

2. Wieso kann gesagt werden, Orange, Grün und Violett sind zusammengesetzt aus gleichen Teilen von zwei einfachen Farben, wo es doch unmöglich ist, solches reine Farbmaterial beizubringen? Wieso kann behauptet werden, dass Schwarz aus drei einfachen Farben besteht, die zu gleichen Teilen gemischt sind?«

James Clerk Maxwell (1831–1879)

Der Physiker aus Edinburgh veröffentlichte 1859 sein Buch *Theorie des Farbensehens.* Es gilt als Ursprung für die heute übliche physikalische Intensitätsmessung der Lichtstrahlen verschiedener Wellenlängen. Daraus hat sich die Farbmetrik entwickelt, welche die Grundlage für alle technischen Prozesse unserer heutigen visuellen Kommunikationsmedien ist. Maxwell erkannte, dass Licht elektromagnetische Schwingung, also Energiestrahlung, sei, woraus sich für ihn die logische Konsequenz ergab, dass diese Energie messbar ist.

Hermann Ludwig Ferdinand von Helmholtz (1821–1894)

Helmholtz, der Physiologe und Physiker aus Potsdam, führt in seinem *Handbuch der physiologischen Optik* für die drei qualitativen Merkmale der Farben die Begriffe ›Farbton‹, ›Sättigung‹ und ›Helligkeit‹ ein. Er übernimmt die Dreifarbentheorie des Sehens von Maxwell und Young, die er weiterentwickelt. In seinen Vorlesungen über *Die neueren Fortschritte in der Theorie des Sehens,* die er in Frankfurt am Main und Heidelberg hielt, erklärt er, wie er zu dem kurvenförmigen Farbenverlauf in seiner Farbtafel kommt:

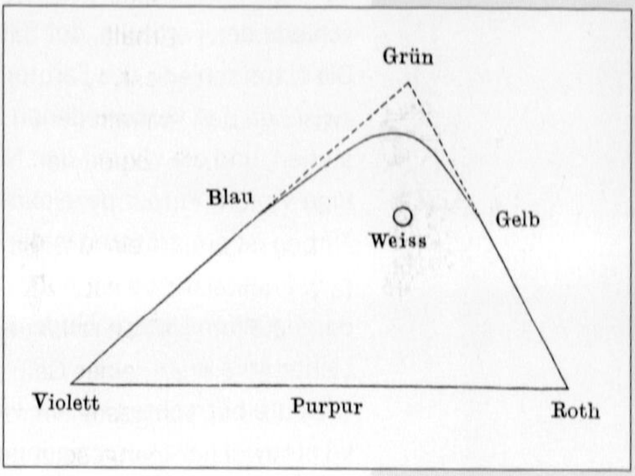

Hermann von Helmholtz führt die Begriffe ›Farbton‹, ›Sättigung‹ und ›Helligkeit‹ ein.

»Man kann sich (…) in einer solchen Farbtafel die Vertheilung der einzelnen Farben und das Maass ihrer Lichtstärken so wählen, dass man für Lichtstärken nach derselben Weise, wie für zwei ihnen proportionale Gewichte, den Schwerpunkt sucht, man die Mischfarbe jeder zwei Farben der Tafel, deren Lichtstärken gegeben sind, in dem Schwerpunkte dieser Lichtquanta findet. Das heisst also: in der richtig construierten Farbtafel findet man die Mischfarben je zweier Farben der Tafel auf der geraden Linie angeordnet, welche die Orte der beiden Farben verbindet.«

Zu den Farbnamen, die er jetzt verwendet, erklärt er Folgendes: »Ich habe Violett als Grundfarbe nach den Versuchen von Herrn J. J. Müller wieder restituiert, während ich in dem ersten Abdrucke dieser Abhandlungen der Meinung von Maxwell, dass Blau die Grundfarbe sei, gefolgt war. (...)

Die älteren drei Grundfarben Roth, Gelb und Blau sind unzweckmässig, nur nach den Mischungen der Malerfarben gewählt; man kann aus gelbem und blauem Licht kein Grün zusammensetzen.«

Hier wird deutlich, welche Probleme gegeben waren, wenn man Farben, ohne sie zu sehen, nur mit Namen bezeichnen musste, und dass man noch nicht zu unterscheiden gelernt hatte zwischen dem Mischen von Farblichtern und dem von Farbmaterialien, für die völlig andere Mischgesetze gelten.

»Alle Unterschiede der Farbe reducieren sich hiernach auf drei, die wir bezeichnen können als die Unterschiede des Farbtons, der Sättigung und der Helligkeit. Die Unterschiede des Farbtons sind diejenigen, welche zwischen den verschiedenen Farben des Spektrums bestehen, und die wir mit den Namen Roth, Gelb, Grün, Blau Violett, Purpur bezeichnen. (...) Die Sättigung der Farben ist am grössten in den reinen Spektralfarben (...). Endlich haben wir noch die in der Farbtafel nicht dargestellten Unterschiede der Helligkeit oder der Lichtstärke.«

Heute betrachten wir die Helligkeit und die Lichtstärke als zwei ganz verschiedene Merkmale. Wir verstehen unter Helligkeit heute die visuelle Zuordnung einer Farbe zu einer als gleich hell empfundenen Graustufe.

Karl Ewald Konstantin Hering (1834–1918)

Hering, Arzt und Physiologe, ignoriert die Dreifarbentheorie von Maxwell, Young und Helmholtz. Er ist kein Physiker. Als Physiologe gibt es für ihn nichts Messbares der Farben. Er geht vom Augenschein der Farben, also von der Farbwahrnehmung aus. Dabei bezieht er sich auf seinen Farbenkreis, der so sorgfältig ausgeführt ist, dass Gegenfarben, die sich diametral gegenüberliegen, tatsächlich ihr Buntsein gegenseitig aus-

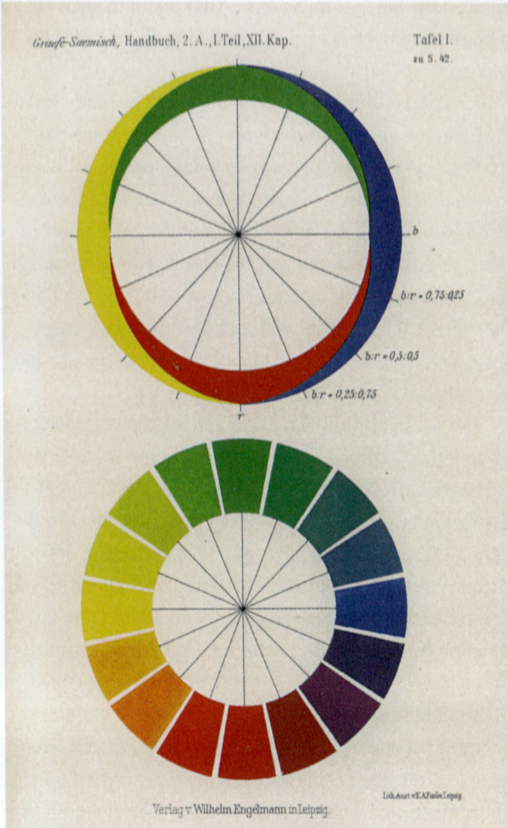

Karl Ewald Konstantin Hering postuliert die vier Grundfarben Gelb, Rot, Blau und Grün (Abb. oben). Unten auf der Abbildung ist Herings Farbenkreis zu sehen. Ohne Zweifel hat Hering mit größter Sorgfalt die besten ihm zur Verfügung stehenden Druckfarben ausgewählt, um seinen Farbenkreis drucken zu lassen. Zwar ist die Anordnung darin in Bezug auf die bunten Gegenfarben erstaunlich gut gelungen, aber heute wissen wir, dass keine einzige der sechs bunten Grundfarben in Herings Farbenkreis vertreten ist. Magentarot und Cyanblau fehlen vollständig. Die anderen vier sind in mehr oder weniger grober Annäherung vertreten. Auch der Bezug auf die vier Himmelsrichtungen und auf die vier einfachen Farbnamen in der Umgangssprache für die besonders wichtigen bunten Farben, also für Gelb, Rot, Blau und Grün, kann als Argument oder gar als Beweis für seine ›Gegenfarbentheorie‹ nicht akzeptiert werden.

löschen. Er meint, ebenso wenig wie man sich von Gelb, Rot und Blau vorstellen könne, dass es gemischte Farben seien, könne man es sich von Grün vorstellen. Er schlägt vor, die vier bunten Farben, die in der Umgangssprache mit einfachen Farbnamen benannt werden, also Gelb, Rot, Blau und Grün, zu »Urfarben« zu erklären und sie wie die vier Himmelsrichtungen eines Kompasses im Farbenkreis anzuordnen. In der oberen Abbildung zeigt er schematisch, wie er sich die Farbmischung der Zwischenstufen zwischen seinen Urfarben vorstellt. Je mehr von der einen Farbe wirksam wird, desto weniger muss es von der anderen sein. Zusammen entsteht in einer Mischung immer die gleiche Menge.

»(...) finden sich in der zu einem Zirkel geschlossenen Farbenreihe vier ausgezeichnete Stellen: erstens die Stelle desjenigen Gelb, welches keine Spur von Rötlichkeit mehr zeigt, andererseits aber auch keine Spur von Grün erkennen lässt; zweitens die Stelle desjenigen Blau, von dem dasselbe gilt. Die beiden Farbtöne mögen als Urgelb und Urblau bezeichnet werden. Ebenso können wir drittens dasjenige Rot und viertens dasjenige Grün welche weder irgend bläulich noch irgend gelblich sind, als Urrot und Urgrün benennen. (...)

Man hat bestritten, dass den von mir als Urfarben bezeichneten Farbtönen eine ausgezeichnete Stelle in der Farbenreihe zukomme, und behauptet, dass man mit demselben Rechte jeden anderen Farbton eine Urfarbe nennen könne; nur zufällige, gar nicht im Wesen der Farben begründete Umstände, hätten dahin geführt, vier Farbtöne bzw. Gruppen einander nahe stehender Farbtöne mit besonderen Worten (Rot, Gelb, Grün, Blau) zu bezeichnen.

Denkt man sich an die eine Ecke (...) eines Dreiecks ein ganz freies Rot von bestimmtem Tone, an die zweite Ecke (...) ein ganz reines Weiß und an die dritte (...) ein ganz reines Schwarz gestellt, so kann man sich (...) alle möglichen Stufen des Überganges (...) denken.

Der Mannigfaltigkeit der Farbtöne entspricht die Mannigfaltigkeit der geraden Linien, die auf einer Ebene von einem Punkte derselben ausgehen können. Denkt man sich diesen Punkt als Mittelpunkt des (...) Farbenkreises, so gehört jeder Radius zu einem bestimmten Farbentone des Kreises (...). Wie man auf dem Kompaß vier Hauptrichtungen unterscheidet, so lassen sich auch hier vier Radien als Hauptradien und alle übrigen als Zwischenradien bezeichnen. Den vier Hauptradien entsprechen die vier bunten Urfarben; der urrote Hauptradius liegt dem urgrünen, der urgelbe dem urblauen diametral gegenüber, und dasselbe gilt überhaupt von je zwei gegenfarbigen Zwischenradien.«

Als Erster hat Hering darauf hingewiesen, dass man in einem Dreieck sämtliche Mischmöglichkeiten einer einzigen reinen bunten Farbe mit Weiß, Schwarz und allen Graustufen logisch und systematisch anordnen kann. Das bezeichnete Ostwald später als »farbtongleiches Dreieck«.

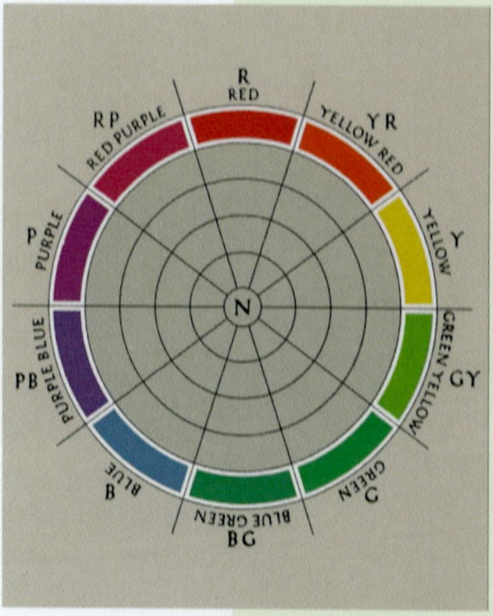

Albert H. Munsell geht in seinem Farbenkreis von zehn Buntarten aus.

Albert H. Munsell (1858–1918)

Der Maler Munsell wird in Amerika als der bedeutendste amerikanische Kolorist angesehen. Sein Buch *A Grammar of Color (Eine Grammatik der Farbe)* befasst sich mit der Ordnung der Farben und der Entstehung von Farbharmonien. Mit der angenehmen Farbempfindung sei es wie mit allen anderen Sinneseindrücken auch, meint er: Sowohl ein Zuviel als auch ein Zuwenig werde als unangenehm empfunden. Als Beispiel weist er auf die Musik hin, die weder zu laut noch zu leise sein soll. Mit dem Essen oder mit dem Badewasser sei es analog. Zu heiß und zu lau wird als unangenehm empfunden. Auch das Licht möchte man nicht zu grell und nicht zu düster haben. Und entsprechend sei es mit der Farbe. Sie sollte so *balanced* (›ausgewogen‹) sein, dass sie einem mittleren Grau entspreche. Die Farben einer Gestaltung sollen so gewählt sein, dass sie auf der einen Seite nicht schockieren, auf der anderen Seite nicht langweilig wirken.

Der von ihm entwickelte Farbenatlas *Munsell Book of Color*, der noch heute weltweit im Gebrauch und im Handel ist, basiert auf der Anordnung der Farbmuster ausschließlich nach den Merkmalen von Helmholtz' Farbton, Sättigung und Helligkeit, die Munsell *hue, chroma* und *value* benennt. Sein einziges Ziel war es,

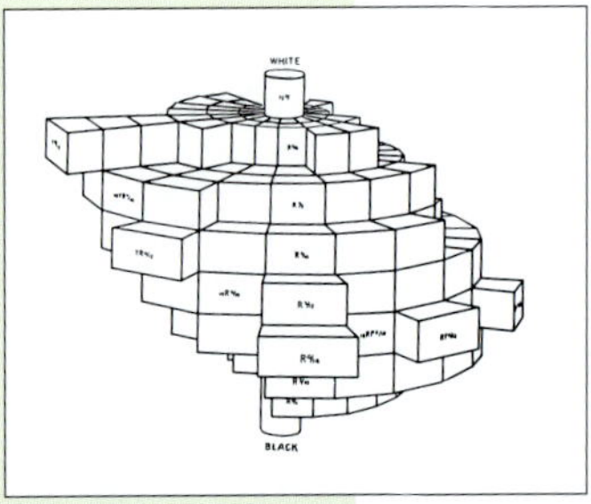

Der unsymmetrische Farbenraum von Munsell

die Farbmuster in die größtmögliche empfindungsgemäße Gleichabständigkeit zu bringen. Mit anderen Worten, er war bestrebt, den visuellen Unterschied zwischen benachbarten Farbnuancen im gesamten Farbenraum gleich groß zu halten. Logischerweise konnte dabei kein symmetrischer Farbenraum entstehen. Eine qualitative Ordnung nach Merkmalen muss wegen der verschiedenen Eigenhelligkeiten der Grundfarben zwangsläufig unsymmetrisch werden. Nur eine quantitative Ordnung, die sich auf die Grundfarben-Teilmengen bezieht, kann zu einem symmetrischen Farbenraum führen. Qualitative und quantitative Ordnung der Farben schließen sich gegenseitig aus. In einem Farbenatlas kann es nur die eine oder die andere Ordnungsstruktur geben.

Munsell schert sich als Maler offenbar um keinerlei weitere Farbentheorie. Er teilt seinen Farbenkreis in zehn gleiche Teile ein, die er mit Farbnamen und entsprechenden Abkürzungen benennt. So schafft er sich die Möglichkeit, die einzelnen Farbnuancen zu kennzeichnen, zu benennen.

Wilhelm Ostwald (1853–1932)

Als Professor für physikalische Chemie erhielt er 1909 für die Erforschung der Katalyse den Nobelpreis. In hohem Alter hat er sich der Farbenlehre zugewendet, und zwar so intensiv, dass es bei ihm, wie er sagt, den ganzen Menschen erforderte.

Er hat den Begriff ›unbunt‹ eingeführt, dazu erklärt er: »Die Farben zerfallen in zwei Klassen: 1. die unbunten Farben Weiß, Grau und Schwarz und alles, was dazwischen liegt; 2. die bunten Farben Gelb, Rot, Blau und Grün und alles, was dazwischen liegt. Man beschränkt zuweilen den Namen Farbe auf die bunten Farben und nennt die unbunten farblos. Dann kann man

Wenn sich alle farbtongleichen Dreiecke mit der Unbuntkante berühren, entsteht der Farbenraum des Doppelkegels.

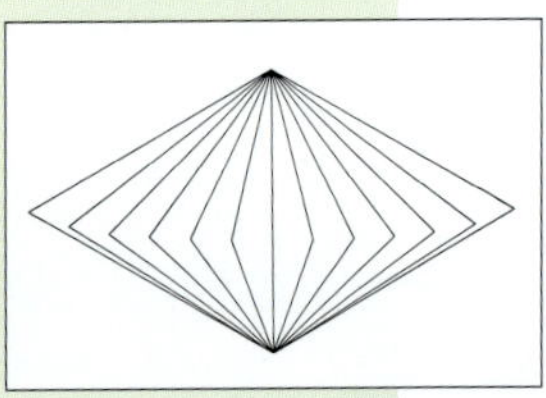

aber nicht mehr sagen, dass alle Gesichtsempfindungen unmittelbar aus Farben bestehen.«

Modell des Doppelkegels von Wilhelm Ostwald (1921)

Ostwald greift den Vorschlag von Hering auf, alle Abwandlungen einer reinen bunten Farbe des Farbenkreises systematisch in einem Dreieck darzustellen, das er »farbtongleiches Dreieck« nennt. Das führt ihn zu seinem Farbenraum des Doppelkegels, der folgendermaßen zustande kommt: »Der Farbtonkreis enthält alle Farbtöne; jedes Farbtongleiche Dreieck enthält alle Abkömmlinge eines gegebenen Farbtons nach Weiß und Schwarz. (...) Stellt man daher alle Dreiecke derart zusammen, dass der Farbtonkreis gebildet wird, so gewinnt man eine Darstellung der gesamten Farbenwelt.«

In der Abbildung erkennt man, dass sich die farbtongleichen Dreiecke dort berühren, wo die Unbuntachse durch den Farbenkörper verläuft. Das führt zum Modell des Doppelkegels. Ostwalds Farbenordnung im Doppelkegel wurde in Amerika in aufwendiger Weise als Farbenatlas mit herausnehmbaren Farbmustern unter dem Namen *Color Harmony Manual* produziert, handlich verpackt in einem ledernen Musterkoffer.

Ostwald griff wieder die Idee auf, die vor ihm von Leonardo, Newton und Tobias Mayer vorgestellt worden war, nämlich die Farben wie die Töne in der Musik zu standardisieren. Diese Idee, die Farben in Maß und Zahl zu zwingen, hat dazu geführt, dass er von vielen Künstlern abgelehnt wurde. Sein Farbenraummodell ist dagegen eine wichtige Weiterentwicklung.

Max Beckes Würfel-Farbenraumsystem (1924)

Als Textilfärber und Direktor des Textil-Forschungsinstitutes in Wien verfügte Becke über enorme praktische Erfahrung im Färben und Farbenmischen. Er schuf ein praktisches Ordnungssystem mit Ausfärbungen von 343 Textilmustern. Er benutzte dazu als Far-

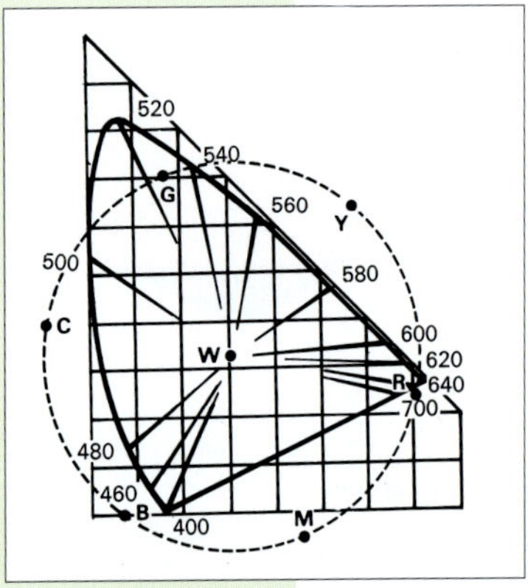

Das CIE-Farbendreieck

benraum die Würfelform. So entstand eine logische Ordnung der Mischmöglichkeiten, die sich aus der Verwendung der drei Farbstoffe Gelb, Rot und Blau ergeben. Diese drei Farbstoffe bezeichnete er als »Grundfarben«. Das erklärt er in seiner Broschüre *Einführung in die natürliche Farbenlehre.* Die optimale Mischung von jeweils zweien bezeichnet er als »Vollscharlach«, »Vollviolett« und »Vollgrün«. Für jede Ausfärbung gibt er die Teilmengen der benötigten gelben, roten und blauen Farbstoffe an. Jedes Muster erhält so eine mathematische Kennzeichnung, die gleichzeitig sein Name und seine Mischformel ist. Die Anordnung erklärt Becke folgendermaßen: »In den folgenden Zusammenstellungen werden diese 343 Farben des kleinen natürlichen Farbenkörpers, wie er experimentell hergestellt wurde, in 7 sich verkleinernden Horizontal-Projektionen mit ihren Farbformeln vorgeführt. Die erste dieser Horizontal-Projektionen ergibt sich als regelmäßiges Sechseck, wenn der Farbenwürfel zunächst von oben als Ganzes betrachtet wird. Die weiteren sich verkleinernden Sechsecke ergeben sich dadurch, dass der Würfel nach und nach immer gleichzeitig um je eine Stufe der Grundfarben durch drei senkrecht auf die Weiß-Gelb-, Weiß-Blau- und Weiß-Rot-Kante geführte Schnitte abgebaut wird.«

Das CIE-System (1931)

Im Jahr 1931 konstituierte sich eine Kommission von Lichttechnikern, die sich Commission Internationale d'Eclairage (Internationale Beleuchtungskommission) nannte. Diese Expertenkommission einigte sich auf das CIE-System, um einen internationalen Standard für die Farbmetrik zu finden. Das Ziel war, durch physikalische Messung jede Farbnuance identifizieren zu können und

Der CIE-Spektralfarbenzug, die ›Schuhsohle‹

in ein geometrisch-mathematisches System einzuordnen. Auf diese Weise sollte jede Farbnuance einen mathematisch erfassbaren logischen Platz im Farbenraum bekommen. So wollte man eine wissenschaftliche Basis für die technologische Handhabung der Farben gewinnen.

Der CIE-Farbenraum ist eine theoretisch-abstrakte Konstruktion. In einem Dreieck spannt sich eine durch einen Kurvenzug begrenzte Ebene auf, die salopp als ›Schuhsohle‹ bezeichnet wird. Hier, so sagen die Lichttechniker, sind alle Farben verschiedener Farbart angeordnet. Dabei verstehen sie unter Farbarten alle monochromatischen Wellenlängen des Spektrums und die durch Mischung der kurzwelligen und langwelligen Strahlungen entstandenen Farbnuancen auf der so genannten Purpurgeraden sowie alle Mischungen dieser Farben mit Weiß. Auf der Verbindungslinie zwischen den Punkten 435 nm (Nanometer) und 700 nm befin-

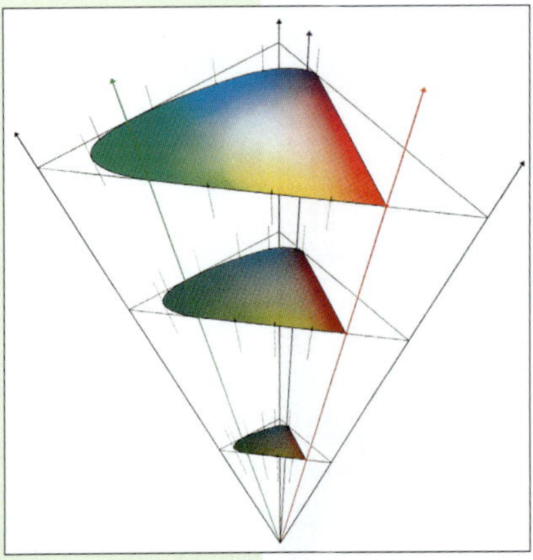

Zwischen den Vektoren X, Y und Z spannt sich der CIE-Farbenraum auf (X rechts, Y links, Z hinten).

den sich die im Spektrum nicht vorkommenden ›Purpurfarben‹. Die Außenlinie dieser Schuhsohle nennt man ›Spektralfarbenzug‹. Die Abbildung (S. 59) zeigt diese Schuhsohle im Farbendruck. Diese merkwürdige Darstellung kommt folgendermaßen zustande:

Jeder Farbreiz wird physikalisch gemessen. Es werden getrennte Werte für den kurzwelligen, den mittelwelligen und den langwelligen Bereich des Spektrums ermittelt, die den als Maximalempfindungen angenommenen Wellenlängen von 700 nm für Rot, 546 nm für Grün und 435 für Blau entsprechen. Sie werden mit X, Y und Z bezeichnet. Auf der Abszisse wird der Wert für Rot eingetragen, auf der Ordinate derjenige für Grün. Der Wert für Blau ergibt sich aus der Differenz der beiden Werte von Rot und Grün zu der mathematischen Größe 1. Die entsprechende Formel lautet: $X + Y + Z = 1$. Durch diesen Ansatz entspricht jede *Farbart* auf dieser Ebene dem mathematischen Wert 1.

Die Abbildung verdeutlicht, wie daraus der CIE-Farbenraum entsteht. Die ›Primärvalenzen‹ X, Y und Z sind als orangeroter, grüner und violettblauer Pfeil eingezeichnet. Wegen der vorhandenen Verzerrungen ist es aber nötig, mit außen stehenden Vektoren zu arbeiten. Sie gehen von der Spitze der an einer Seite flachen ›Eistüte‹ aus und sind in der Abbildung als schwarze Pfeile zu sehen. Dieses CIE-System kann als Beginn der Farbmetrik angesehen werden.

Alfred Hickethiers Farbenatlas (1952)

Der Buchdrucker und Druckereileiter Hickethier veröffentlicht 1952 seine *Farbenordnung Hickethier* als gedruckten Farbenatlas, eine systematische Darstellung

Der Farbenwürfel von Hickethier

von 1000 Farbnuancen, die durch Mischung der drei bunten Druckfarben Gelb, Rot Magentarot) und Blau (Cyanblau) entstandenen sind. Er bedient sich dazu des Würfel-Farbenraumes, für den sich vor ihm bereits Max Becke entschieden hatte. Aber Hickethier findet zur Bezeichnung seiner Farbfelder eine neue, geniale Lösung, mit der er 1000 Farbnuancen auf einfachste Weise präzise kennzeichnen kann: Jede Farbnuance bekommt als Name und als Mischformel einen Code aus drei Ziffern, z. B. 537. Die Farbmenge für jede einzelne Druckfarbe ist in 10 Stufen unterteilt, die von 0 bis 9 bezeichnet werden. (Das ist notwendig, damit er im einstelligen Ziffernbereich bleiben kann.) Die erste Ziffer bezeichnet die Teilmenge für Gelb, die zweite die für Rot und die dritte die für Blau. So bedeutet etwa für unser Beispiel im Farbcode 537 die Ziffer 5 eine geometrische Flächendeckung der Druckfarbe Gelb von 55 Prozent, 3 bedeutet 33 Prozent von Rot und 7 bedeutet 77 Prozent von Blau.

Die Abbildung rechts zeigt ein Modell des Würfel-Farbenraumes. Auf dem Quadrat der Grundfläche sind die Mischmöglichkeiten von Magentarot und Cyanblau systematisch angeordnet. Beide Farben verlaufen von der einen Seite, wo die volle Farbschicht vorhanden ist, in zehn Stufen zur gegenüberliegenden Seite, bis zum Nicht-mehr-vorhanden-Sein. Diese Farbverläufe überschneiden sich in einem Winkel von 90°. Dadurch bekommt die Grundfläche die Eckpunkte Cyanblau, Violettblau, Magentarot und Weiß. Parallel zur Grundfläche steigt nun der Mengenwert von Gelb von Stufe zu Stufe um 11 Prozent an. Dadurch erhält die Oberfläche nun die Eckpunkte Grün, Schwarz, Orangerot und Gelb. Hickethier hat mit seiner Farbenordnung die ersten systematischen Farbtabellen für den standardisierten Dreifarbendruck geschaffen.

Johannes Itten (1888–1967)

Itten war Maler und zeitweilig Lehrer am Bauhaus in Weimar. Sein Buch *Kunst der Farbe* erschien 1961 und hat weltweite Verbreitung in vielen Sprachen gefunden. Das ist eine erstaunliche Tatsache, denn die dort vermittelte Farbenlehre entspricht dem Kenntnisstand von 1810. Die Fortschritte bei der Ordnung der Farben im Farbenraum des Doppelkegels durch Ostwald und im Würfel durch Hickethier hat Itten ignoriert. Als Farbenraum präsentiert er Runges Kugel. Weiß und Schwarz bezeichnet er als »Nicht-Farben«. Er geht immer noch von den drei bunten Grundfarben Gelb, Rot und Blau aus, aus denen man, wie er behauptet, alle anderen Farben mischen könne. Dabei hätte ihm doch Chevreuls Argumentation, dass dies unmöglich ist, bekannt sein müssen. Ittens Farben-Schema, das einprägsam wie ein Logo ist, erweist sich leider als völlig falsch:

Das Basisschema von Johannes Itten (1961) aus seinem Buch *Kunst der Farbe*

- Seine drei Grundfarben Gelb, Rot und Blau sind keine Grundfarben, sondern bereits Mischungen, nämlich Sekundärfarben.
- Es ist unmöglich, aus den drei Itten-Grundfarben durch Mischung die Grundfarben Orange, Grün und Violett entstehen zu lassen, wie er behauptet.
- Es gibt nicht drei, sondern sechs bunte Grundfarben.
- Die Anordnung der reinen bunten Farben im Farbenkreis ist didaktisch falsch, weil die bunten Grundfarben und Mischungen aus ihnen gleichrangig nebeneinanderstehen.
- Die logische Ordnung der reinen bunten Farben ist das Sechseck, bei dem die Grundfarben ihren Platz an den sechs Ecken haben und Mischungen von zwei benachbarten auf der geraden Verbindungslinie liegen.

• Im Itten-Farbenkreis fehlen die Grundfarben Magentarot und Cyanblau.

• Das Schema auf einen weißen Grund zu stellen, ist didaktisch falsch, denn dadurch kann Weiß nicht als unbunte Grundfarbe erkannt werden. Auch die Grundfarbe Schwarz kommt in Ittens Schema nicht vor. Ein solches Basisschema sollte auf einem grauen Grund stehen und auch die unbunten Grundfarben Weiß und Schwarz beinhalten.

• Die sich in Ittens Farbenkreis diametral gegenüberliegenden Farben sind nicht, wie er behauptet, komplementär. Sie löschen sich nicht gegenseitig zu völlig neutralem Unbunt aus.

Auch Ittens Lehre von den sieben Kontrasten, die er von seinem Lehrer Adolf Hölzel übernommen und etwas abgeändert hat, ist nach heutigem Wissenstand nicht mehr haltbar. Das wird später, wenn es um die ästhetischen Unterscheidungsmerkmale der Farben geht, erklärt (s. S. 114 f.).

Itten hat also keinen nennenswerten Beitrag zur Weiterentwicklung der Erkenntnisse der Farbenlehre geleistet. Wenn ich hier trotzdem auf ihn eingehe, dann deshalb, weil sich seine Ansichten weltweit verbreitet haben und (leider) noch heute vielerorts gelehrt werden.

Rudolf Hell (1901–2002)

Hell, kein Theoretiker im Bereich der Farbe, sondern Funktechniker und Industrieller, ist der Erfinder des Fernschreibers, der anfangs ›Hellschreiber‹ genannt wurde. Auch die Fernsehbildzerlegerröhre, die das Fernsehen möglich machte, ist eine seiner wichtigen Erfindungen.

Im Jahre 1959 präsentierte er seinen ›Vario-Klischographen‹, eine elektronisch gesteuerte Graviermaschine, mit der man Klischees, nämlich Farbsätze für das Buchdruckverfahren, herstellen konnte. Der Vario-Klischograph konnte die Bilder vergrößern und verkleinern, und er konnte Farbkorrekturen und Kontraststeigerun-

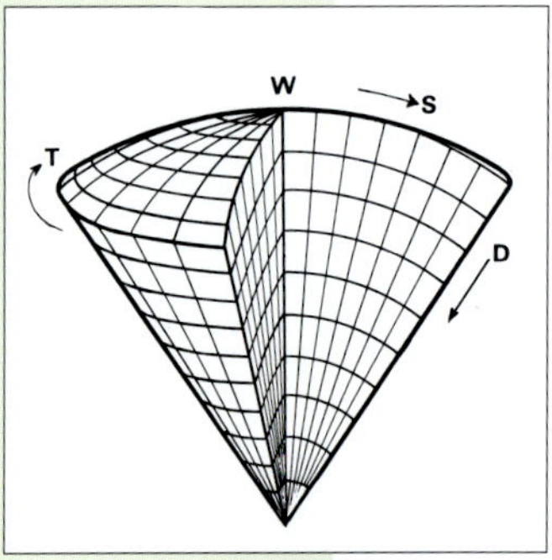

Konstruktionsskizze des Farbenraumes DIN 6164

Modell des Farbenraumes DIN 6164

gen durchführen. Diese elektronisch gesteuerten Hell-Geräte sind die Vorläufer der heutigen Farbscanner. Damit war ein wesentlicher Schritt hin zur elektronischen Bildmanipulation getan, wie sie heute allgegenwärtig ist.

DIN 6164 (1955)

Unter der Federführung von Manfred Richter, Physiker und Abteilungsleiter in der Bundesanstalt für Materialprüfung (BAM), Berlin, entstand dieses Normwerk. Es geht von einem Farbenkreis aus, der in 24 Buntarten unterteilt ist. Für jede Buntart gibt es ein so genanntes Beiblatt. Es ist nach dem Prinzip des ›farbtongleichen Dreiecks‹ aufgebaut. Jedes Blatt enthält die standardisierten herausnehmbaren Farbmuster einer Buntart. Dazu gibt es ein Beiblatt für die Stufenleiter der unbunten Farben. Insgesamt sind ca. 500 Farbmusterchips vorhanden. Alle Beiblätter sind in einer Kassette untergebracht.

In der oberen Abbildung sieht man eine Schemazeichnung des zugrunde liegenden Farbenraumes, der die Form einer Eistüte hat. Unten an der Spitze sitzt Schwarz. Die Grauachse läuft senkrecht nach oben zum Punkt Weiß (W). Auf horizontalen Schnitten liegen Farbnuancen gleicher Dunkelstufe (D). Diesen Begriff hat man sich ausgedacht, weil die Farbnuancen auf solchen horizontalen Schnittebenen bei dieser Anordnung natürlich nicht exakt von gleicher Helligkeit sein können. Die Farbtöne (T) befinden sich auf dem Farbenkreis, der die Außenkontur der gewölbten Oberfläche des Farbenraumes darstellt. Und die Sättigung (S) entspricht dem Abstand einer Farbnuance von der Grauachse. In der unteren Abbildung sieht man ein Modell dieses Farbenkörpers aus der Modellsammlung der BAM.

Das CIELab-System (1976)
Von dem CIE-System, auf das sich 1931 international die Lichttechniker und die Farbmetriker verständigt hatten, gab es zahlreiche Modifikationen. Denn die Sache funktionierte nicht so, wie man sich das gewünscht hatte. Deshalb entschloss sich das CIE-Komitee zu einer völlig neuen Ordnung der Farben für die Farbmetrik in dem CIELab-System.

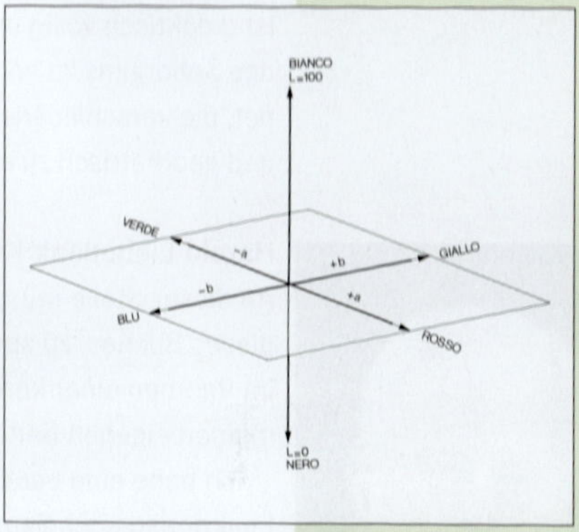

Konstruktionsskizze des Farbenraumes CIE-Lab

Dieses System baut auf der Vierfarbentheorie von Hering auf. Man ist weggegangen von den abstrakten Vektoren X, Y und Z. Jetzt hat man sich für einen Farbenraum entschieden, in welchem man sich auf die drei Dimensionen L, a und b bezieht. Das kann man in der Abbildung ablesen. Dabei bedeutet L die Helligkeit, a markiert die Achse Rot-Grün und b steht für die Achse Gelb-Blau. So entsteht ein Farbenraum, der prinzipiell die Form eines Würfels hat. Nach den farbmetrisch ermittelten Werten erhält nun jede Farbnuance ihren Platz, indem sie eingeordnet wird nach ihrem Helligkeitswert L, nach ihrem Wert auf der a-Achse, wobei +a die rote Seite und –a die grüne Seite bedeutet und nach ihrem Wert auf der b-Achse, wo +b die gelbe und –b die blaue Seite angibt.

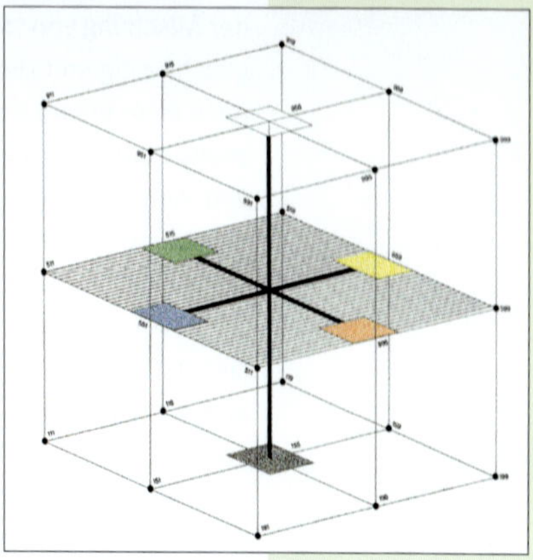

Der Farbenraum CIELab

Dieses System ist natürlich viel sinnvoller, verständlicher und anschaulicher als das 1931er CIE-System. Offenbar ist es inzwischen weltweit in der Physik, in der Farbmetrik und in der Computerindustrie eingeführt. Aber es hat einen riesigen Nachteil, worauf später eingegangen wird: Es ist didaktisch völlig ungeeignet, um die Arbeitsweise des Sehorgans zu erklären und es ist ebenso ungeeignet, die verschiedenen Farbmischgesetze arithmetisch und geometrisch zu erklären und zu veranschaulichen.

Harald Liebedank Küppers (geb. 1928)
An dieser Stelle muss ich auf mich selbst, den Autor dieses Buches, zu sprechen kommen. Denn ich kann ja im Rahmen einer korrekten historischen Darstellung meinen eigenen Beitrag nicht verschweigen.

Ich habe eine neue Farbenlehre begründet, die vom Funktionsmechanismus des Sehorgans ausgeht. Ich lernte den Beruf des Chemigrafen, spezialisierte mich zum Farbätzer und legte die Meisterprüfung ab. Dann machte ich ein Ingenieurstudium der Drucktechniken. Für meine Diplomarbeit wählte ich eine vergleichende Untersuchung bekannter Farbenordnungssysteme. Dabei kam ich zu der Überzeugung, dass all diese Systeme Branchentheorien sind, dass sie Teile der Wahrheit darstellten, die ganze Wahrheit aber noch nicht aufgeklärt war.

Nach langer Berufspraxis und intensivem Studium der unterschiedlichen theoretischen Ansätze kam ich zu der Überzeugung, dass die sechs bunten Grundfarben, nämlich die drei der Lichtmischung und die drei der Mischung von transparenten Körperfarben, absolut gleichwertig und gleichbedeutend sind. Also suchte ich nach einer geometrischen Lösung, in der jede dieser sechs bunten Grundfarben einen absolut gleichrangigen Platz einnehmen konnte und jede in gleichwertiger Beziehung zu den anderen stand. So fand ich den Oktaeder-Farbenraum, eine geometrischen Ordnung, in deren Mittelpunkt die drei gleichlangen Buntachsen sich mit Raumwinkeln von 90 Grad zueinander schneiden. An den Enden jeder Buntachse sitzen sich jeweils zwei Komplementärfarben gegenüber (S. 134). Zu meiner Überraschung stellte ich aber fest, dass dies nur ein Teil des Farbenraumes war, dass die Grauachse

Der Rhomboeder-Farbenraum (1958) von Harald L. Küppers zerfällt durch zwei horizontale Schnitte in einen Oktaeder und zwei Tetraeder.

durch das Oktaeder hindurch lief und oben bis zum Weißpunkt und unten bis zum Schwarzpunkt verlängert werden musste, dass also oben und unten je ein Tetraeder hinzuzufügen war. So entdeckte ich 1958 den Rhomboeder-Farbenraum und damit gleichzeitig drei neue Farbmischgesetze (s. S. 125 ff.).

Es zeigte sich, dass ich mit dem Rhomboeder den ›idealen Farbenraum‹ gefunden hatte. Denn das Rhomboeder gab nicht nur eine überzeugende Erklärung für das Funktionsprinzip des Sehorgans. Darüber hinaus gestattete es die logische Darstellung aller Farbmischgesetze. Durch drei vertikale Schnitte, die zugleich durch die Grauachse und durch zwei sich gegenüberliegende Grundfarben geführt wurden, zerfiel es in die sechs ›Integrierten Tetraeder‹. Damit hatte ich ein weiteres neues Farbmischgesetz gefunden, das Gesetz der ›Integrierten Mischung‹, das für deckende Farbmittel gilt und für das alle acht Grundfarben, die sechs bunten zusammen mit Weiß und Schwarz, benötigt werden, weil keine von ihnen aus anderen deckenden Grundfarben gemischt werden kann. Im Jahre 1976 entwickelte ich aus didaktischen Gründen, als vereinfachten Farbenraum zum leichteren Verständnis der geometrischen Ordnung, gewissermaßen als Eselsbrücke, die Sechskant-Doppelpyramide. Aber das alles wird später noch genau erklärt.

Aus diesen theoretischen Überlegungen heraus entwickelte ich 1972 den Siebenfarbendruck sowie 1983 den Unbuntaufbau für den Vierfarbendruck einschließlich der systematischen Farbtabellen. Ich erfand ein Druckverfahren mit acht deckenden Druckfarben und ausschließlich nebeneinanderliegenden Flächenelementen, das weltweit patentiert wurde.

Licht

Licht ist die unabdingbare Voraussetzung für das Leben auf unserem Planeten. Ohne die Energiestrahlung der Sonne wäre Leben auf der Erde unmöglich. Darüber waren sich bereits die Autoren der Bibel im Klaren. Das Alte Testament beginnt im ersten Kapitel des 1. Buches Mose mit der Schöpfungsgeschichte: »Am Anfang schuf Gott Himmel und Erde. Und die Erde war wüst und leer, und es war finster auf der Tiefe (...). Und Gott sprach: Es werde Licht. Und es ward Licht.«

Sehr interessant ist, wie die Reihenfolge der Schöpfung gleich anschließend geschildert wird:

»Am ersten Tag schuf Gott Himmel und Erde und das Licht.

Am zweiten Tag trennte er Wasser und Land.

Am dritten Tag schuf er die Pflanzen.

Am vierten Tag wurden Sonne, Mond und Sterne im Firmament aufgehängt.

Am fünften Tag erschuf er die Tiere.

Am sechsten Tag erschuf er den Menschen.

Am siebten Tag ruhte er aus von seinen Werken.«

Betrachtet man den geschilderten Ablauf der Schöpfung vor dem Hintergrund der heute allgemein anerkannten Evolutionstheorie von Charles Darwin und der Hypothese des Urknalles, könnte man diese biblische Darstellung folgendermaßen interpretieren:

1. Am Anfang existierte nur ein Konzentrationspunkt. Dann geschah der Urknall und mit ihm begannen Zeit und Raum und Materie. Und gleichzeitig mit dem Urknall entstanden die Energiestrahlen, die elektromagnetischen Schwingungen.

2. Einige Milliarden Jahre später trennten sich Land und Wasser.

3. Wieder einige Milliarden Jahre später entstand das erste vegetative Leben.

4. Merkwürdigerweise wären die Gestirne, also Sonne, Mond und Sterne erst im Laufe des nächsten Zeitsprunges entstanden.

Licht
»Es gibt nur Lichtquanten unterschiedlicher Wellenlänge in bestimmten Mischungsverhältnissen. Farbe entsteht im visuellen System erst dadurch, dass die Mischungsverhältnisse der Lichtquanten durch drei Zapfen mit unterschiedlichen Sehpigmenten analysiert werden, die Reizzustände der einzelnen Fotorezeptoren durch die Gegenfarbenverschaltung der farbkodierenden Neurone verglichen werden. Auf der Ebene der Fotorezeptoren gilt die von Maxwell, Young und Helmholtz vorgeschlagene trichromatische Theorie, während in den nachgeschalteten Netzhautneuronen die von Hering vorgeschlagene Gegenfarbentheorie eines antagonistischen Rot/Grün-, Blau/Gelb- und Weiß/Schwarz-Prozesses gilt.«
E. Zrenner und U. Eysel, Physiologen

5. Einige Milliarden Jahre später erschienen die Tiere.

6. Und schließlich, wiederum einige Milliarden Jahre später, kam der Mensch.

7. Und damit war die Schöpfung abgeschlossen.

In der alttestamentarischen Darstellung der Schöpfungsgeschichte gibt es zwei Merkwürdigkeiten: Erstens müssen die Gestirne doch wohl vorhanden gewesen sein, bevor sich auf dem Planeten Erde Land und Wasser trennten und bevor es vegetatives Leben gab. Denn Leben auf der Erde ist ohne die Strahlung der Sonne nicht möglich. Und zweitens kann es ganz zu Beginn, nämlich gleich nach dem Urknall, noch kein Licht gegeben haben. Denn Licht setzt voraus, dass ein Lebewesen vorhanden ist, welches über ein intaktes Sehorgan verfügt, das in der Lage ist, aus den Energiestrahlen des Sonnenspektrums Lichtempfindung zu machen. Die Energiestrahlung selbst ist kein Licht. Lichtempfindung entsteht erst im Empfindungsmechanismus eines Betrachters. Ein Blinder kann die Energiestrahlung des Sonnenspektrums nicht sehen. Er kann sie nur als Wärme auf seiner Haut spüren. Bevor ein Lebewesen vorhanden war, welches aus der Energiestrahlung der Sonne eine Lichtempfindung machen konnte, kann es logischerweise noch kein Licht gegeben haben.

Licht ist farblose Energiestrahlung.

Die Wellenskala der Energiestrahlen

Licht ist farblose Energiestrahlung. Diese Energiestrahlung nennt man auch elektromagnetische Schwingung. Man kann sich vorstellen, dass Energiestrahlen aus winzig kleinen Energiepaketchen, aus Energiequanten, bestehen, die Albert Einstein Photonen nannte und die sich in Wellenbewegung mit Lichtgeschwindigkeit fortbewegen. Die Lichtgeschwindigkeit beträgt 300 000 km in der Sekunde. Offenbar ist das die größte Geschwindigkeit, die in der physikalischen Welt möglich ist.

Es gibt eine Skala von Energiestrahlen mit Wellenlängen, die zwischen dem Bruchteil eines Nanometers (nm = Milliardstel Meter) und 1000 km liegen. Die Wellenlänge ist der Abstand von einem Wellenberg zum nächsten. Die Lichtstrahlen sind ein winziger Ausschnitt aus dieser Skala. Energiestrahlen mit dem Bruchteil eines nm entstehen bei einer Atomexplosion. Es folgen Gammastrahlen und Röntgenstrahlen. Was wir Licht nennen, sind Energiestrahlen mit Wellenlängen zwischen ca. 400 nm und ca. 700 nm. Dann folgen Wärmestrahlen und schließlich Energiestrahlen, die wir für Technik benutzen, für Fernsehen, für Rundfunk und zuletzt für elektrischen Strom. Was wir Licht nennen, sind jene von der Sonne ausgesendeten Energiestrahlen, die, nachdem sie die Atmosphäre durchquert haben, auf der Erde ankommen. Sie können von unserem Sehorgan in Gesichtsempfindungen, in Licht und Farbe, umgewandelt werden.

Das Spektrum

Wenn man einen ›weißen‹ Lichtstrahl durch ein Prisma schickt, entsteht das Spektrum. Die Wellenlängen des Lichtes haben verschiedene Brechungsfaktoren. Deshalb werden sie unterschiedlich stark abgelenkt, die längsten am wenigsten, die kürzesten am stärksten. Das Licht und die bunten Farben sind aber nicht dort, wo wir sie sehen. Sie entstehen erst als Sinnesempfindung im Gehirn eines Betrachters. Wenn kein Betrachter vorhanden ist, der über ein intaktes Sehorgan verfügt, gibt es weder Licht noch Farben.

Im Spektrum sieht man fünf der sechs bunten Grundfarben, nämlich Violettblau (B), Cyanblau (C), Grün (G), Gelb (Y) und Orangerot (R). Das Magentarot (M), die sechste bunte Grundfarbe, kann im Spektrum nicht vorkommen, weil sie als Sinnesempfindung im Sehorgan nur dann entstehen kann, wenn gleichzeitig kurzwellige und langwellige Strahlen auf die gleiche Netzhautstelle fallen (S. 75).

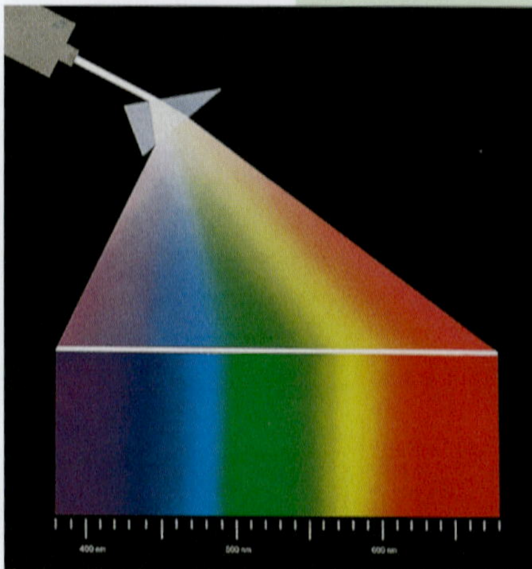

Im Spektrum sieht man fünf der sechs bunten Grundfarben, nämlich Violettblau (B), Cyanblau (C), Grün (G), Gelb (Y) und Orangerot (R).

Das Sehen

Von den fünf Sinnesorganen des Menschen ist das Sehorgan mit Abstand das wichtigste. Denn 80 Prozent aller Informationen, die ein Mensch erhält, werden über das Sehen vermittelt. Formen im Gesichtsfeld können nur dadurch erkannt werden, dass Farbunterschiede vorhanden sind. Demnach sind etwa 40 Prozent sämtlicher Informationen, die wir erhalten, Farbinformationen. Diese Tatsache zeigt, welche Bedeutung die Farbenlehre im Informationszeitalter hat.

Für denjenigen, der gelernt hat, bewusst zu sehen, hält die Natur überall Farbschauspiele bereit. Sei es die Betrachtung einer strahlenden Winterlandschaft, sei es die Ansammlung herabgefallener bunter Herbstblätter oder ein dramatischer Sonnenuntergang.

Das menschliche Auge erkennt Formen nur über die Wahrnehmung von Farbunterschieden.

Das Kantenspektrum

Als solches bezeichnet man die Farbsäume, die man sieht, wenn man durch ein Prisma auf eine Kante zwischen Hell und Dunkel, zwischen Weiß und Schwarz, blickt. Wenn wir einen weißen schmalen Papierstreifen horizontal auf ein schwarzes Feld kleben und ihn durch ein waagerecht gehaltenes Glasprisma betrachten, sehen wir die Farben im oberen Teil der Abbildung. Wenn wir den Streifen nahe an das Prisma halten, erscheinen nur an den Kanten Farbsäume (rechte Seite). Je weiter wir den Streifen vom Prisma entfernen, desto mehr rücken die bunten Farben zusammen. Bis wir schließlich in der zweiten Position von links die Farben RYCB bekommen. Vergrößern wir den Abstand des weißen Streifens zum Prisma noch weiter, sehen wir die Farben RGB. Wenn wir den Versuch umkehren und einen schwarzen Streifen auf ein weißes Feld legen, kehren sich die Verhältnisse um. Jetzt erscheinen die Farben im unteren Teil der Abbildung. Auch hier ist es so, dass das Schwarz in der Mitte sichtbar bleibt, wenn der schwarze Streifen dicht vor dem Prisma ist. Das Schwarz verschwindet ganz, wenn der Streifen eine bestimmte Entfernung vom Prisma erreicht hat. In der zweiten Position von links sehen wir dann die bunten Farben CBRY. Vergrößern wir die Entfernung weiter, entstehen die Farben CMY.

Das Kantenspektrum auf schwarzem und auf weißem Untergrund

Das Auge

Das Bild des Gesichtsfeldes wird durch das optische System des Auges – auf dem Kopf stehend – auf die Netzhaut projiziert. Das funktioniert wie bei einem Fotoapparat. Gegenüber der Linse befindet sich die *macula lutea,* die Netzhautstelle, mit der man am schärfsten sehen

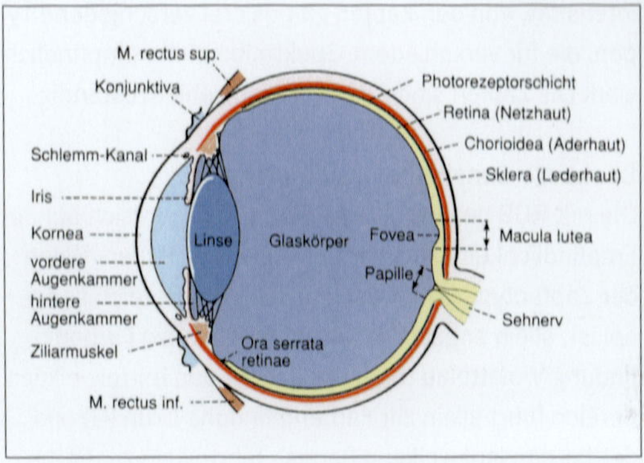

Schematischer Längsschnitt durch das menschliche Auge

kann. Die Papille ist die Stelle, wo der Sehnerv ansetzt. Das ist der so genannte blinde Fleck.

Die Netzhaut

Die Netzhaut ist ein überaus kompliziertes Organ. Das auftreffende Licht wird durch die gelben Pfeile symbolisiert. Merkwürdigerweise durchdringt das Licht zunächst eine Anzahl von Schichten verschiedener Zellentypen, nämlich eine Schicht retinaler Ganglienzellen, zwei plexiforme Schichten und zwei nukleäre Schichten. Dann erst trifft es auf die lichtempfindlichen Sehzellen, die Zapfen und die Stäbchen genannt werden. Die von den Sehzellen gebildeten elektrischen Signale werden durch die Zellen in den verschiedenen Schichten zurückgeschickt, um in den optischen Nerv zu gelangen, der sie zum Gehirn weiterleitet. Die Stäbchen gestatten Helligkeitswahrnehmung bei niedrigster Beleuchtungs-

Schnitt durch die menschliche Netzhaut

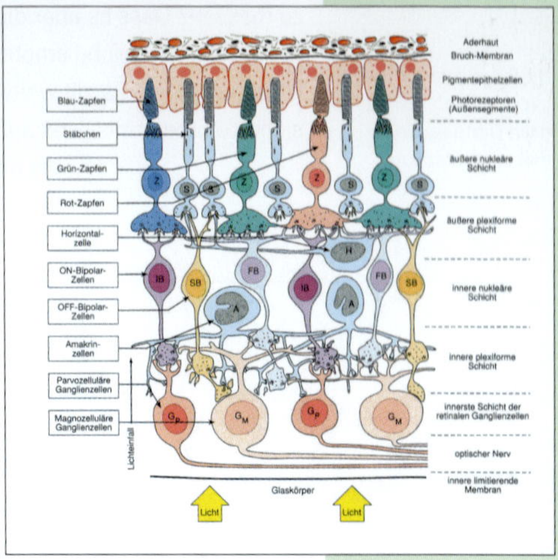

intensität. Von den Zapfen gibt es drei verschiedene Typen, die für verschiedene Spektralbereiche empfindlich sind. Die Zapfen sind für das Farbensehen zuständig.

Spektrale Sensibilität der Zapfen

Die mit RGB bezeichneten Kurven beziehen sich auf die Empfindlichkeitsbereiche der drei Zapfentypen. Wenn der Zapfentyp, der für den kurzwelligen Bereich sensibel ist, allein angesprochen ist, hat man die Farbempfindung Violettblau (B), derjenige für den mittelwelligen Bereich führt allein zur Farbempfindung Grün (G) und der für den langwelligen Bereich führt allein zur Farbempfindung Orangerot (R). Das sind die Absorptionskurven der drei Zapfenpigmente nach Dartnall, Bowmaker und Mollon. Die Maxima liegen bei ihnen für B bei 420 nm, für G bei 530 nm und für R bei 560 nm. Meine eigenen Forschungsergebnisse, die von der Farbwahrnehmung ausgehen, führen zu etwas anderen Werten, nämlich zu 448 nm für B, zu 518 nm für G und zu 617 nm für R.

Natürlich kann man die Absorptionseigenschaften der Sehpigmente physikalisch messen. Aber Farbempfindungen sind Gefühle. Ist es denkbar, Gefühle exakt zu messen? Dass es aber diese drei für die verschiedenen Spektralbereiche empfindlichen Zapfentypen gibt, ist unbestritten. Es gilt weltweit als wissenschaftlich gesicherte Erkenntnis. Und auf diese Tatsache baue ich die neue Farbenlehre auf. Allerdings werden neue, andere Konsequenzen gezogen.

Die Absorptionskurven der drei Zapfenpigmente nach Dartnall, Bowmaker und Mollon

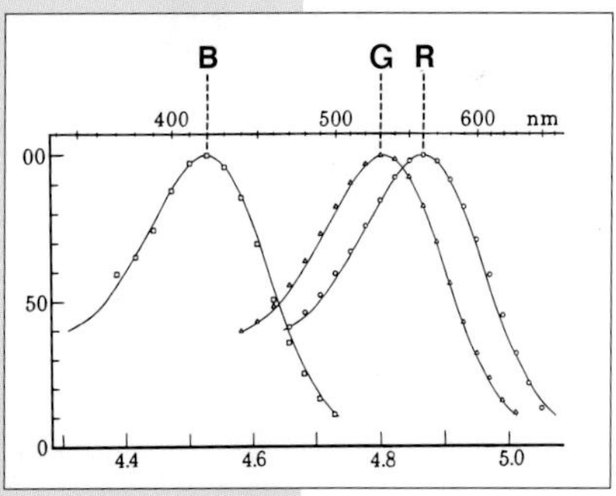

Die Urfarben

Die Grafik rechts zeigt eine schematische Darstellung der Zusammenhänge. Man sieht, wie sich die spektrale Empfindlichkeit der drei Zapfentypen (2) auf die verschiedenen Bereiche des

Spektrums (1) bezieht. Jedem Zapfentyp ist eine Empfindungskraft (3) zugeordnet, die wir Urfarbe (Urf) nennen. Die Empfindungskraft, die zur Farbempfindung Violettbau führt, bezeichnen wir als Urfarbe B, diejenige, die zur Farbempfindung Grün führt, als Urfarbe G und die dritte, welche die Farbempfindung Orangerot hervorbringt, als Urfarbe R. An der Schnittstelle zwischen der Urfarbe B und der Urfarbe G erscheint im Spektrum Cyanblau (C), an der Schnittstelle zwischen der Urfarbe G und der Urfarbe R erscheint Gelb (Y). Magentarot (M) kann im Spektrum nicht vorkommen, weil diese Farbempfindung vom Sehorgan dann hervorgebracht wird, wenn gleichzeitig die Urfarbe B und die Urfarbe R aktiviert sind.

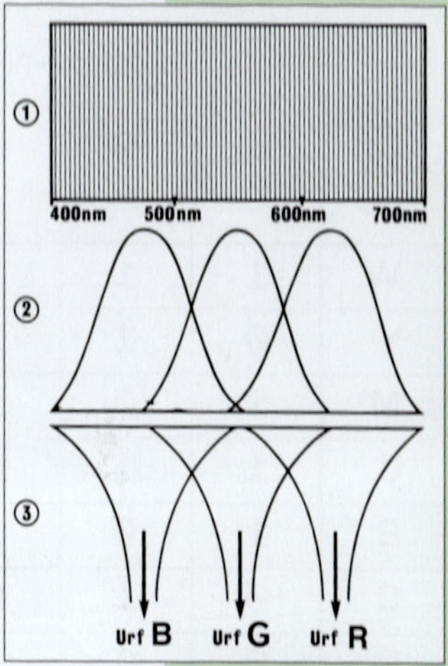

Die Empfindlichkeit der drei Zapfentypen bezieht sich auf unterschiedliche Bereiche des Farbspektrums.

Den drei Urfarben entsprechen acht Grundfarben

Jetzt ziehen wir die entscheidende Konsequenz, die zur Grundlage der neuen Farbenlehre geworden ist. Das veranschaulicht die Tabelle auf Seite 76. In den drei Spalten rechts sind die Urfarben (Urf) angegeben, in der Reihenfolge, wie sie, von links nach rechts, im Spektrum vorhanden sind: BGR. In der linken Spalte wird gezeigt, wie sich aus den drei Urfarben die acht Grundfarben (Grf) ergeben. Hier zeigt sich klar der theoretische Ansatz der neuen Farbenlehre: Die acht Grundfarben sind die acht extremen Möglichkeiten der Farbempfindung, die das Sehorgan hervorbringen kann. Im weiteren Verlauf der Ausführungen werden wir folgende Farbnamen und internationale Abkürzungen verwenden:

Weiß = W
Gelb = Y *(yellow)*
Magentarot = M
Cyanblau = C
Violettblau = B *(blue)*

Grf	Urf B	Urf G	Urf R
W	1	1	1
Y	Ø	1	1
M	1	Ø	1
C	1	1	Ø
B	1	Ø	Ø
G	Ø	1	Ø
R	Ø	Ø	1
K	Ø	Ø	Ø

Grün = G

Orangerot = R *(red)*

Schwarz = K (von *key*, was in der Übersetzung ›Schlüssel‹ heißt, eine der vielen Merkwürdigkeiten, die wir aus dem amerikanischen Sprachgebrauch zu übernehmen haben).

Wie die Tabelle zeigt, entstehen die acht extremen Farbempfindungen im Sehorgan auf folgende Weise: Wenn alle drei Urfarben gleichzeitig ihr volles Potenzial entfalten, sehen wir die unbunte Grundfarbe W. Wenn jeweils zwei Urfarben gleichzeitig ihr volles Potenzial produzieren, haben wir es mit den Grundfarben Y, M und C zu tun. (Y = G + R, M = B + R, C = B + G). Wenn nur eine Urfarbe allein voll aktiv ist, führt das zu den Grundfarben B, G und R. Und wenn schließlich keine einzige der drei Urfarben irgendein Potenzial entfaltet hat, entsteht die Farbempfindung der unbunten Grundfarbe Schwarz (K).

Die internationalen Abkürzungen

Die Umgangsprache meint mit Farbnamen wie Rot und Blau keine eindeutige, bestimmte Farbe. Alle Farben zwischen Lachsrot und Purpurrot werden als Rot, alle Farben zwischen Himmelblau und Marineblau werden als Blau bezeichnet. Daraus ist das Problem entstanden, dass in den verschiedenen Branchen die Farbnamen Rot und Blau für ganz verschiedene Farben, sogar für verschiedene Grundfarben verwendet werden.
Wenn ein Künstler oder ein Drucker Rot sagt, meint er die Grundfarbe Magentarot. Wenn ein Physiker oder ein Computerfreak Rot sagt, meint er die Grundfarbe Orangerot. Und so ist es auch mit dem Farbnamen Blau. Die einen meinen mit Blau Cyanblau, die anderen Violett-

blau. Dieses Sprachproblem ist ein internationales. Es existiert offenbar in allen Sprachen. Auf Grund der Marktmacht der Amerikaner hat sich inzwischen weltweit der Sprachgebrauch der amerikanischen Computerindustrie auch bei uns eingebürgert, nämlich die Urfarben mit Rot, Grün und Blau (RGB) zu bezeichnen. Wie man in der Tabelle sieht, gibt es aber zwei rote und zwei blaue Grundfarben, nämlich Magentarot und Orangerot einerseits und Violettblau und Cyanblau andererseits. Ich verwende die eindeutigen und unverwechselbaren Farbnamen Magentarot, Orangerot, Violettblau und Cyanblau, um die Zusammenhänge klar erklären zu können. Da sich der Sprachgebrauch der vielen Millionen Computeranwender nicht wird ändern lassen, bin ich dazu übergegangen, die inzwischen international eingeführten und überall verwendeten amerikanischen Abkürzungen für die Grundfarben, nämlich RGB einerseits und YMCK andererseits, zu benutzen. Die vollen Namen der Grundfarben werde ich aber beibehalten, um unmissverständlich zu bleiben.

Was bedeutet unbunt?

Die Tabelle der Beziehungen zwischen den Urfarben und den Grundfarben zeigt uns, dass wir es mit sechs bunten und mit zwei nicht bunten Grundfarben zu tun haben, nämlich mit Weiß und Schwarz. Auch hier treffen wir auf ein sprachliches Problem. In der Umgangssprache wird unter ›bunt‹ oft ein Durcheinander von vielen Farben verstanden, gewissermaßen kunterbunt. Man kann aber unter bunten Farben auch Gelb, Rot, Blau oder Grün verstehen. Was aber ist sprachlich das Gegenteil von bunt? Das Gegenteil von gerade ist ungerade. Das Gegenteil von schön kann unschön oder hässlich sein. Das Gegenteil von warm ist kalt. Wie soll man denn aber nun z. B. den Gegensatz von den bunten Grundfarben Gelb, Rot, Blau und Grün zu den Grundfarben Weiß und Schwarz benennen? Die deutsche Sprache kannte dafür lange Zeit keinen Begriff. Die Lösung hat Wilhelm Ostwald im Jahre 1924 mit dem Begriff ›unbunt‹ in die deutsche Sprache eingeführt. Deshalb nennen wir Schwarz und Weiß und alle Mischungen daraus, nämlich alle Graustufen, unbunte Farben.

Die Wirkungskette zwischen Licht und Farbempfindung

Wie kommt es normalerweise zum Sehen? Eine Lichtquelle, z. B. die Sonne, sendet Energiestrahlen mit Wellenlängen im sichtbaren Bereich aus (1). Diese treffen auf einen Gegenstand oder ein Material (2). Hier wird ein Teil der Energiestrahlen absorbiert, also verschluckt. Der nicht absorbierte Teil der Strahlung, also der Rest des Beleuchtungslichtes, das ›Restlicht‹, wird

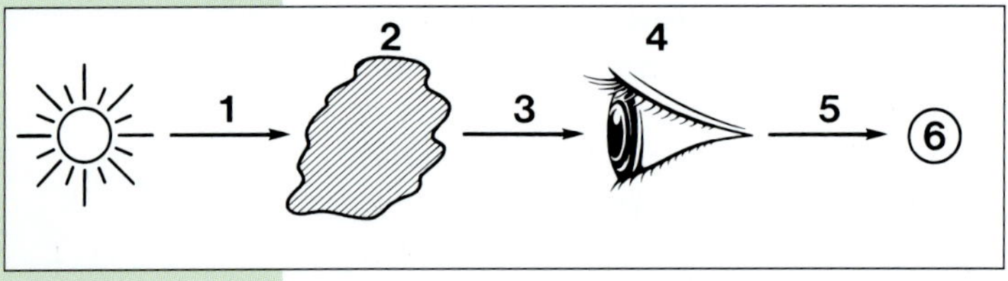

Die Wirkungskette zwischen Licht und Farbempfindung

reflektiert, zurückgeschickt, wenn es sich um deckendes Material handelt. Handelt es sich aber um transparentes Material, wird es transmittiert, also durchgelassen (3). Dieses Restlicht gelangt als Farbreiz in das Auge eines Betrachters (4). Die Energiequanten des Lichtes werden von den Sehzellen, das sind die Zapfen und die Stäbchen in der Netzhaut, absorbiert und in organeigene elektrische Impulse umgewandelt, die dann als Code über die Nervenbahnen (5) in das Gehirn geleitet werden. Dort erst entsteht die Farbempfindung (6). Daraus leiten sich folgende Konsequenzen ab:

- Farbe ist immer und ausschließlich die Sinnesempfindung eines Betrachters.
- Wenn kein Betrachter da ist, gibt es keine Farbe.

Der Blumenstrauß auf dem Tisch ist farblos, wenn ihn niemand sieht.

• In der Physik gibt es keine Farben. Die physikalische Welt besteht aus farbloser Materie und farbloser Energie.

Erleben, was Farbe tatsächlich ist!
Die Wirkungskette zwischen Licht und Farbempfindung hat uns zu der Schlussfolgerung geführt, dass Farbe

Der Effekt der Nachbildfarbe

weder die Eigenschaft des Materials sein kann, farbig auszusehen, noch im Licht enthalten ist. Farbe ist vielmehr ein Gefühl, vergleichbar mit dem Schmerz, der ja in der physikalischen Welt ebenfalls nicht vorkommt. Wenn Sie, lieber Leser, sich genau an das halten, was jetzt beschrieben wird, werden Sie verstehen, was Farbe wirklich ist: Starren Sie bitte mindestens 40 Sekunden lang auf den schwarzen Punkt in der gelben Fläche! Wichtig ist, dass helles weißes Beleuchtungslicht vorhanden ist, am besten Tageslicht. Lassen Sie sich nicht ablenken. Beobachten Sie gleichzeitig, wie sich die Farbe der gelben Fläche verändert. Je länger Sie auf den schwarzen Punkt starren, desto mehr verliert die gelbe Farbe an Intensität. Sie wird weißlicher und weißlicher. Nun springen sie mit den Augen auf den schwarzen Punkt auf der weißen Fläche rechts daneben! Dort sehen Sie jetzt eine violette Farbe. Hier haben Sie den Beweis, dass Farbe nichts anderes als Farbempfindung ist. Die violette Farbe, die Sie gesehen haben, nennt man ›Nachbildfarbe‹.

Dieser Versuch lässt uns die Funktionsweise des Sehorgans erkennen. Von der gelben Farbfläche sind die kurzwelligen Strahlen des Lichtes, von denen wir wissen, dass sie zur Farbempfindung Violett führen würden, absorbiert worden. Das Sehorgan ist immer bestrebt, zwischen den drei Empfindungskräften, den drei Urfarben, in jeder Beleuchtungs- und Betrachtungssituation ein mittleres Empfindungsniveau herzustellen. Das hat den Zweck, dass jederzeit Unterschiede der Farben und der Helligkeit so deutlich wie nur irgend möglich erkannt werden können. Die Reflexion der gelben Fläche aktiviert die Urfarbe R und die Urfarbe G. Beim unnatürlichen Anstarren dieser Fläche werden diese beiden Urfarben herab sensibilisiert und der Empfindungsmechanismus für die nicht angesprochene Urfarbe B wird verstärkt. Wenn wir nun auf den schwarzen Punkt auf der weißen Fläche schauen, sehen wir diesen Anpassungszustand unseres Sehorgans, nämlich die hoch sensibilisierte Urfarbe B.

Die acht Grundfarben

Unser visuelles System verfügt über acht extreme Empfindungsmöglichkeiten, die wir ›Grundfarben‹ (Grf) nennen. Dass wir sie Grundfarben nennen, ist auch deshalb

Urf			Grf	Farbe
R	G	B		
-	-	-	K	
1	-	-	R	
-	1	-	G	
-	-	1	B	
1	1	-	Y	
1	-	1	M	
-	1	1	C	
1	1	1	W	

Die Tabelle zeigt, welche Urfarbe jeweils mit ihrem vollen Potenzial vorhanden sein muss, um die Empfindung der betreffenden Grundfarbe hervorzurufen.

von Bedeutung, weil keine von diesen acht Farben aus deckenden Farbmitteln, z. B. aus Künstler-Ölfarben, nachgemischt werden kann. In den drei linken Spalten der Tabelle wird angegeben, welche der Urfarben mit vollem Potenzial vorhanden sein müssen, um die Farbempfindung der betreffenden Grundfarbe hervorzubringen. In der mittleren Spalte finden wir die internationalen Abkürzungen. Und schließlich sind rechts die entsprechenden Grundfarben selbst zu sehen. Dabei muss an dieser Stelle darauf hingewiesen werden, dass dieses Buch aus Kostengründen im normalen Vierfarbendruck hergestellt worden ist. Deshalb können die drei bunten Sekundärfarben R, G und B nicht in der Reinheit und Leuchtkraft wiedergegeben werden, wie das bei dem von mir erfundenen Siebenfarbendruck möglich ist. Das liegt an den spektralen Fehlern der Primärfarben des Vierfarbendrucks, an deren Fehlabsorptionen und Fehlremissionen.

Primär-, Sekundär- und Tertiärfarben

Hier müssen wir wieder einmal eine Begriffsklärung vornehmen. Als ›Primärfarben‹ bezeichnen wir die Ausgangsfarben eines Prozesses. Das sind beim Fernsehen die bunten Grundfarben RGB, bei der Fotografie die bunten Grundfarben YMC. Prozesse, die mit drei bunten Grundfarben arbeiten, nennt man trichromatische Prozesse. Wenn zwei Primärfarben miteinander gemischt werden, entstehen ›Sekundärfarben‹. Beim Fernsehen entstehen aus den Primärfarben RGB als Sekundärfarben YMC. Bei der Fotografie ist es umgekehrt. Da entstehen aus den Primärfarben YMC die Sekundärfarben RGB. Beim Fernsehen ergibt sich als Tertiärfarbe Weiß, wenn alle drei Primärfarben RGB gleichzeitig wirksam sind. Bei der Fotografie ist es wiederum reziprok: Dort bekommen wir Schwarz, wenn an einer Bildstelle alle drei Primärfarben als Filterschichten übereinanderliegen. Das wird später bei den Farbmischgesetzen ausführlich erklärt (s. S. 97 ff.).

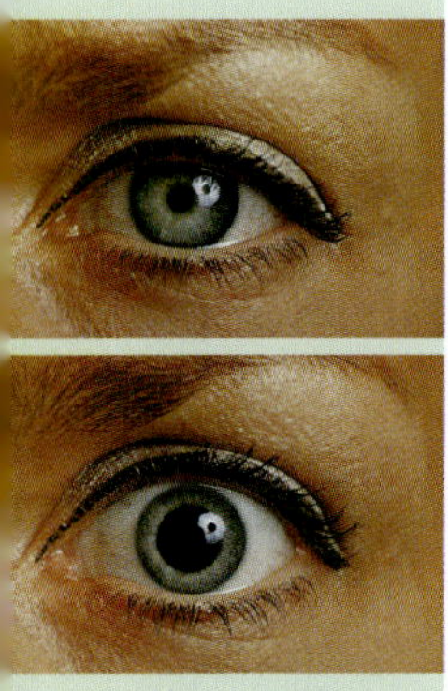

Bei hellem Licht verkleinert sich die Pupille, wenn es dunkler ist, vergrößert sie sich.

Adaptation ist die Anpassung an die Beleuchtungsintensität

Damit uns in jeder Beleuchtungssituation eine sichere Orientierung möglich ist, hat unser Sehorgan eine enorme Anpassungsfähigkeit entwickelt. Stellen wir uns nur einmal die extremen Beleuchtungssituationen vor, denen wir ausgesetzt sein können: Wenn wir an einem schönen Julitag mittags auf einem 4000 m hohen Berg auf einem Schneefeld in der prallen Sonne stehen, kann sich unser Auge an die vorhandene enorme Lichtintensität adaptieren. Als junger Mensch braucht man in einer solchen Situation keine Sonnenbrille. Im Alter verringert sich aber diese Anpassungsfähigkeit. Mit der entgegengesetzten extremen Beleuchtungssituation haben wir es zu tun, wenn wir uns zu einer Weinprobe in einem Winzerkeller befinden und das Kellergewölbe mit nur einer einzigen Kerze beleuchtet ist. Nach einer entsprechenden Adaptationszeit können wir uns auch hier sicher orientieren. In der Abbildung sehen wir, wie die Lichtintensität zunächst durch Öffnen und Schließen der Irisblende des Auges reguliert wird. Das funktioniert wie bei einem Fotoapparat. Wenn diese mechanischen Möglichkeiten des Auges erschöpft sind, tritt ein physiologischer Mechanismus in Kraft, der die Empfindungskräfte hoch- oder heruntersensibilisiert. Dass das Sehorgan diese enormen Intensitätsunterschiede überbrücken kann, liegt daran, dass die Adaptation logarithmisch erfolgt, das heißt, die doppelte Lichtintensität wird jeweils als eine Stufe heller empfunden.

Umstimmung ist die Anpassung an die spektrale Zusammensetzung des Beleuchtungslichtes

Unser Sehorgan kann sich nicht nur an die Intensität des Beleuchtungslichtes anpassen, sondern auch an seine spektrale Zusammensetzung. Die Abbildung zeigt uns die spektrale Zusammensetzung von sechs verschiedenen Lichtarten. Man sieht, wie in deren Spektren die sichtbaren Wellenlängen mit unterschiedlichen

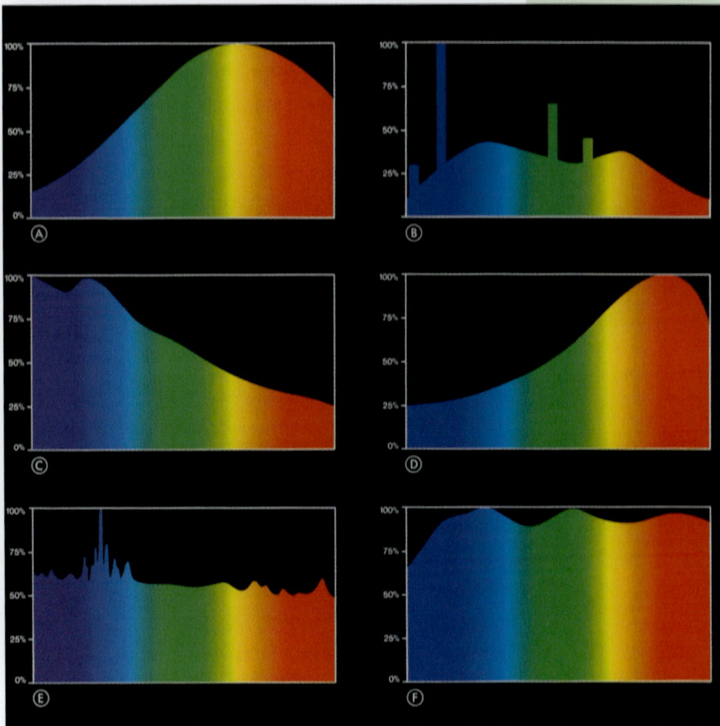

Die spektralen Verteilungen bei sechs verschiedenen Lichtarten

Intensitäten vorhanden sind. Auf der Abszisse sind die Wellenlängen aufgetragen, auf der Ordinate die Intensitäten. In A sehen wir das Spektrum einer normalen Glühlampe, in B dasjenige einer Tageslicht-Leuchtstoffröhre, in C das des natürlichen Tageslichtes mittags im Sommer und in D abends bei schönem Wetter vor Sonnenuntergang. Schließlich finden wir in E das Spektrum von Xenon-Licht und in F das Licht einer Abmusterungslampe. Die ›Umstimmung‹ geht so vor sich, dass jede der drei Empfindungskräfte, jede Urfarbe, einzeln auf ein mittleres Empfindungsniveau eingependelt wird. Zweck dieser Umstimmung ist offenbar, dass Farben bei jeder Lichtart deutlich unterschieden werden können.

Die Mohnblüte absorbiert die kurz- und mittelwelligen Strahlen.

Warum die Blüte rot und das Blatt grün aussieht

Warum präsentieren sich uns die Gegenstände und Materialien in verschiedenen Farben? Diese Frage stellt sich wahrscheinlich jeder, der beginnt, sich mit Farbentheorie zu beschäftigen. Die Erklärung ist folgende: Es hängt von der molekularen Struktur der Materie ab, welche Wellenlängen des sichtbaren Spektrums absorbiert werden. Die nicht absorbierte Strahlung wird bei deckendem Material reflektiert. Bei transparentem Material wird sie durchgelassen. Diese nicht absorbierte Strahlung gelangt als Farbreiz ins Auge des Betrachters. Dort aktiviert sie den Empfindungsmechanismus, der die Farbe hervorbringt. Die Mohnblüte sieht rot aus, weil sie die kurzwelligen und die mittelwelligen Strahlen absorbiert. Nur die langwelligen werden als Farbreiz in das Auge des Betrachters reflektiert. Beim grünen Blatt ist es entsprechend anders. Hier werden die kurzwelligen und die langwelligen Strahlen absorbiert. Folglich aktivieren die mittelwelligen Strahlen als Farbreiz den Empfindungsmechanismus des Betrachters. Dass im Herbst die herabgefallenen Blätter ihre Farbe verändern, liegt daran, dass sich beim Welken und späteren Verwesen ihre molekulare Struktur verändert.

Wann sieht man die richtige Farbe?

Natürlich kann ein Gegenstand oder ein Material nur jene Wellenlängen reflektieren, die im Beleuchtungslicht auch vorhanden sind. Nur, wenn das gesamte Reflexionsvermögen des Materials zur Geltung kommt, sieht man seine ›richtige‹ Farbe. Jeder hat beim Einkaufen von Kleidungsstücken schon diese Erfahrung gemacht. Wenn man in einem Geschäft, das mit Halogenstrahlern ausgeleuchtet ist, ein Kleid kaufen will, traut man der Farbe nicht. Man geht an ein Fenster oder auf die Straße, um die Farbe richtig zu beurteilen. Denn bei dem gelblichen Halogenlicht kann man z. B. nicht sicher sein, ob das Kleidungsstück nun schwarz oder dunkelblau ist.

In der Abbildung sieht man einen Beleuchtungskasten, hinter dessen vier Blenden vier verschiedene Leuchtstoffröhren installiert sind. Hinten werden in den Kasten einfarbig durchgefärbte Pappen eingeschoben. Durch die unterschiedliche spektrale Zusammensetzung der vier verschiedenen Lichtarten erscheinen uns vier ganz verschiedene Farben. Die Bezeichnungen der vier Lichtarten sind, von oben nach unten, Tageslicht de Luxe 18/96, Tageslicht de Luxe 18/95, Weiß 18/84 und Warmton Weiß 18/83. Jede dieser Lichtarten wird in der Umgangssprache als weißes Licht bezeichnet. Dies ist eine drastische Demonstration, die zeigt, wie sich das Aussehen des Materials in Abhängigkeit von der spektralen Zusammensetzung des Beleuchtungslichtes verändert. Wer das nicht mit eigenen Augen gesehen hat, kann es beinahe nicht glauben. Die hellblaue Farbe der Pappe sieht bei Beleuchtung mit ›warmem‹, also mit gelblichem Licht grau aus. Ein solcher Beleuchtungskasten sollte zur selbstverständlichen Ausstattung jeder Schule gehören!

Einfluss des Lichtes auf das Aussehen der Farben

Metamere Farben
Farben eines bestimmten Materials können bei der einen Lichtart gleich, bei einer anderen Lichtart aber unterschiedlich aussehen. Dieses Problem nennt man Metamerie. Zwei Materialproben, die bei einer bestimmten Lichtart die gleiche Farbe zeigen, können aber dennoch verschiedene Absorptions- und Reflexionseigenschaften haben.

Denn das gleiche farbige Aussehen kommt ja nur dadurch zustande, dass der Farbreiz die drei Urfarben gleich stark aktiviert. Durch die verschiedenen Absorptionseigenschaften der zwei Materialproben kann der Farbreiz bei einer anderen Lichtart aber anders zusammengesetzt sein, was beim Betrachter zu einer veränderten Farbwahrnehmung, zu einer anderen Farbe führt.

Bedingt gleiche und unbedingt gleiche Farben

Es gibt Körperfarben mit unterschiedlichen Absorptionsfähigkeiten, die aber bei einer bestimmten Lichtart gleich aussehen. Man nennt sie ›bedingt gleiche Farben‹. Das wurde eben erklärt. Metamere Farben sind bedingt gleiche Farben. Wenn Farben aber bei jeder Lichtart gleich aussehen sollen, benötigt man ›unbedingt gleiche Farben‹. Unbedingt gleiche Farben müssen exakt gleiche spektrale Eigenschaften besitzen. Ihre Absorptions- und Reflexionsfähigkeit muss absolut gleich sein. Sie müssen also über ein identisches Spektrum verfügen. Unbedingt gleiche Farben benötigt man z. B. dann, wenn man nach einem Blechschaden Teile seines Autos nachlackieren muss. Denn andernfalls läuft man Gefahr, dass das Auto bei bestimmten Beleuchtungssituationen zweifarbig aussieht.

Abmusterung mit Normlicht

Die Tatsache, dass Material bei verschiedenen Lichtarten seine Farbe verändert, kann natürlich in der Industrie und im Handwerk zu großen Problemen führen. Nehmen wir einmal an, ein Kunde möchte in einer Stofffabrik tausend Quadratmeter einfarbigen bunten Stoff bestellen. Er bringt ein Farbmuster mit, z. B. ein helles Blau, das als Temperafarbe auf Papier aufgestrichen ist. Dieses Farbmuster sieht, wie das am Beleuchtungskasten demonstriert wurde, bei jeder Lichtart anders aus. Welches soll denn nun die richtige Farbe sein? An diesem Beispiel wird deutlich, dass es unumgänglich ist, Lichtarten, die zum ›Abmustern‹ dienen, zu normieren. Als Abmustern bezeichnet man den Vorgang des Vergleichens einer Farbvorlage mit ihrer Nachstellung. Das Problem der Metamerie ist überall dort gegeben, wo Farbvorlage und Nachstellung aus verschiedenen Materialien bestehen. Überall dort benötigt man vereinbarte Beleuchtungs- und Betrachtungsbedingungen. Nehmen wir ein anderes Beispiel: Ein Farbdiapositiv soll gedruckt werden. Die Beurteilung, ob die Farben der Reproduktion mit denen des Dias übereinstimmen, kann nur bei einer genormten Lichtart sinnvoll vorgenommen werden. Aus diesem Grund gibt es zwei Arten von Normlicht: Die Lichtart D 65, die dem mittleren statistischen Tageslicht entspricht, und die Lichtart D 50, die spektral so zusammengesetzt ist wie das direkte Sonnenlicht. Bei dieser internationalen Bezeichnung steht das D für *daylight,* was darauf hinweist, dass es sich um ein so genanntes kontinuierliches Spektrum handelt, also um ein solches, in dem sämtliche sichtbaren Wellenlängen vertreten sind. Die Ziffern 65 und 50 beziehen sich auf die Lichtfarbe, die in Grad Kelvin angegeben wird. Dabei bedeutet 65, dass die Lichtfarbe 6500 Kelvin und 50, dass sie 5000 Kelvin hat.

Der Simultankontrast verstärkt Helligkeitsunterschiede

Neben den Anpassungsmechanismen des Sehorgans an die Intensität der Beleuchtung und an ihre spektrale Zusammensetzung gibt es noch einen weiteren Korrekturmechanismus im Sehorgan, den Simultankontrast. Es ist nicht das Ziel des Sehvorganges, Farben exakt zu identifizieren. Vielmehr sollen Unterschiede deutlich erkannt werden. Der Simultankontrast ist ein Mechanismus zur Verstärkung der Unterschiede, eine Kontraststeigerung. In der Abbildung (S. 88) sieht man den gleichen grauen Fleck, einmal auf weißem Hintergrund und einmal auf schwarzem. Durch den Simultankontrast

Der Simultankontrast verstärkt Helligkeitsunterschiede.

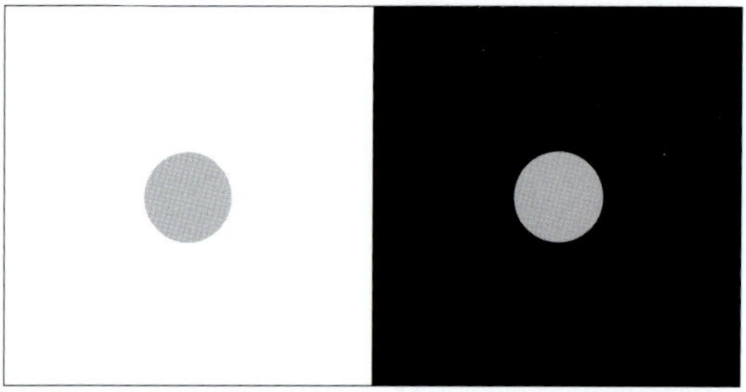

scheint das Grau auf dem weißen Grund dunkler zu sein als auf dem schwarzem.

Der Simultankontrast vergrößert Farbunterschiede
Die horizontalen Balken sind jeweils von gleicher Farbe. Durch den Simultankontrast verändern die Umgebungsfarben, die ›Umfeldfarben‹, das Aussehen der Balken-Farben. Das wird besonders deutlich, wenn man einen Bleistift oder einen Kugelschreiber senkrecht über die Mitte der Abbildung legt, dorthin, wo sich die Hintergrundfarben berühren. Durch die Wirkung der Umfeld-

Der Simultankontrast vergrößert Farbunterschiede.

farben zeigt jetzt jeder Balken auf der rechten Seite eine andere Farbe als auf der linken. Die obere Balkenfarbe sieht vor dem dunklen Blau auf der linken Seite heller und reiner aus als auf der rechten. In der Mitte bewirkt die gelbe Umfeldfarbe, dass die Balkenfarbe dunkler und schmutziger erscheint. Und unten erkennen wir, dass auf der rechten Seite die Balkenfarbe gelblicher, auf der linken Seite bläulicher geworden ist. Da das Absorptionsvermögen in jedem Balken rechts und links gleich ist, haben wir hier den Beweis dafür, dass der physikalisch exakt gleiche Farbreiz zu ganz verschiedenen Farbempfindungen führen kann.

Nur der organeigene elektrische Code bestimmt die Farbe

Die Erklärung der Wirkungskette zwischen Licht und Farbempfindung hat gezeigt, wie der Sehvorgang funktioniert. Es wurde klargestellt, dass weder das Absorptionsvermögen des Materials noch die spektrale Zusammensetzung des Farbreizes allein die resultierende Farbempfindung bestimmen. Denn nur solche Wellenlängen, die im Licht vorhanden sind, können vom Material reflektiert werden. Und der exakt gleiche Farbreiz kann, wie das Beispiel des Simultankontrastes beweist, zu sehr verschiedenen Farbempfindungen führen. Erst der elektrische Code, der vom Sehorgan nach Adaptation und Umstimmung, also nach der Anpassung an die Lichtverhältnisse und nach dem Simultankontrast, also nach der Kontraststeigerung, gebildet wurde, steht in fester Beziehung zur resultierenden Farbempfindung. Das führt uns zu der Erkenntnis, dass eine logische, eine optimale Farbenlehre weder vom Aussehen des Materials noch vom Farbreiz auszugehen hat. Vielmehr muss die Erklärung aller Zusammenhänge der Farbentstehung, der Farbmischung und der Farbempfindung vom Sehorgan ausgehen. Das Funktionsprinzip, nach dem das Sehorgan arbeitet, erweist sich als das ›Grundgesetz der Farbenlehre‹.

Farbmischgesetze sind Manipulationen des Sehorgans

Immer hat das Farbenmischen den Zweck, das Sehorgan zu veranlassen, gezielt beabsichtigte Farbempfindungen hervorzubringen. Die verschiedenen Farbmischgesetze sind Manipulationsmöglichkeiten, die sich aus dem Ablauf der Wirkungskette zwischen Licht und Farbempfindung ergeben. Je nachdem, an welcher Stelle der Wirkungskette die Manipulation eingreift, haben wir es mit ganz verschiedenen Farbmischgesetzen zu tun. Das Ziel ist aber immer das gleiche: den Farbreiz so zu modulieren, zu manipulieren, dass beim Betrachter die gewünschte Farbempfindung entsteht. Wir können elf Farbmischgesetze unterscheiden, die nachfolgend kurz erklärt werden.

Beschaffenheit der Farben

Farben können sich uns als Farblichter oder als Körperfarben präsentieren. Und Körperfarben können deckend (opak) oder durchsichtig (transparent) sein. Natürlich gibt es auch jede Art von Zwischenstufen. Bei der Erklärung der Farbmischgesetze gehen wir von den extremen Möglichkeiten aus, also von Farblichtern einerseits oder von total deckenden bzw. total transparenten Farben andererseits. Hiervon nämlich hängt es ab, an welcher Stelle der Wirkungskette zwischen Licht und Farbempfindung die Manipulation eingreift.

Skala der Graustufen. Schwarz und Weiß und alle Mischungen daraus nennen wir Unbuntarten.

Unbuntarten

Wir haben die Farben Weiß und Schwarz bereits als die beiden unbunten Grundfarben kennengelernt. Unbuntarten sind diese beiden unbunten Grundfarben und sämtliche Mischungen aus ihnen, wie sie in der Skala der Graustufen zu sehen sind.

Buntarten

Buntarten sind die sechs bunten Grundfarben, die an den Ecken des Sechsecks sitzen und sämtliche Mischungen, die zwischen zwei benachbarten bunten Grundfarben möglich sind. Denn nur die Mischung von auf dem Sechseck benachbarten bunten Grundfarben führt zu reinen Buntarten. Mischt man eine bunte Grundfarbe mit der übernächsten, entstehen bereits Unbuntwerte. Mischt man eine bunte Grundfarbe mit der gegenüberliegenden, dann löschen diese beiden ihr Buntsein gegenseitig völlig aus. Es entsteht ein mittleres Grau, also Unbunt.

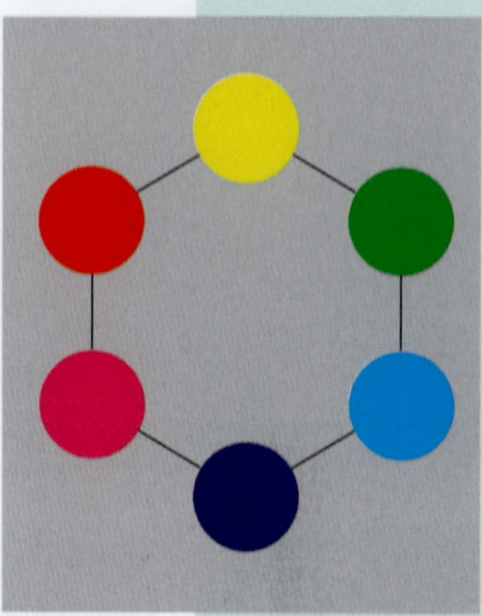

Die sechs bunten Grundfarben und ihre Mischungen nennen wir Buntarten.

Die Entstehung neuer Buntarten

Nur die Mischung bunter Grundfarben, die auf dem Sechseck benachbart sind, führt zu reinen neuen Buntarten. Wie wir in der Abbildung (S. 92) sehen, kann man Y mit R, R mit M, M mit B, B mit C, C mit G und G mit Y mischen, um neue Buntarten hervorzubringen.

Das Funktionsprinzip des Sehorgans

Jede Farbnuance, egal durch welche Urfarben-Potenziale sie zustande kommt, betrachten wir als gleichwertig und gleichbedeutend, als 100 Prozent oder als mathematische Menge 1. Im Folgenden wird beschrieben, wie im Sehorgan Farbempfindungen entstehen.

Die Abbildung auf S. 93 zeigt uns das an vier Beispielen. In den drei linken Spalten sind jeweils die Potenziale der drei Urfarben zu sehen, in der Reihenfolge des Spektrums, nämlich von links nach rechts B, G und R. In der Spalte rechts daneben wird gezeigt, wie sich daraus vier Grundfarben-Teilmengen ergeben. Die Darstellung erklärt, warum in der Grundfarben-Spalte rechts immer 100 Prozent bzw. immer die mathematische Menge 1 zustande kommt.

Neue Buntarten entstehen durch Mischung von zwei benachbarten bunten Grundfarben.

Beginnen wir beim Beispiel (A). Wir haben es mit Potenzialen von 25 Prozent, 75 Prozent und 50 Prozent zu tun. Wir wissen bereits, dass die Farbempfindung Weiß entsteht, wenn in allen drei Urfarben gleiche Potenziale vorhanden sind. In diesem Falle führt das in der Grundfarben-Spalte rechts zu einer Grundfarben-Teilmenge von W 25. Darüber hinaus ist in G und R ein gemeinsamer Wert von 25 Prozent vorhanden. Wir wissen schon, dass gleiche Potenziale von G und R zur Farbempfindung Y führen. Also ergeben sich hierdurch für die Grundfarbe Gelb 25 Mengenteile (Y 25). Überschießend haben wir in G einen Wert von 25 Prozent, was für die Grundfarbe Grün zu 25 Mengenteilen führt (G 25). Und dann ist da die Differenz zwischen dem größten vorhandenen Potenzial und dem größtmöglichen, nämlich 25 Prozent. Das ist die nicht aktivierte Empfindungsmöglichkeit des Sehorgans. Daraus ergibt sich für Schwarz der Wert K 25.

Egal, wie die Urfarben-Potenziale im linken Kasten aussehen, die Grundfarben-Spalte rechts daneben ist immer ausgefüllt, denn sie repräsentiert ja die eine Farbnuance, nämlich diese eine Farbempfindung, also die mathematische Menge 1. Immer ergibt sich in der Grundfarben-Spalte die Summe von 100 Mengenteilen.

Das Beispiel (B) zeigt, wie aus den Urfarben-Potenzialen 55, 20 und 85 die Grundfarben-Teilmengen W 20, M 35, R 30 und K 15 entstehen. Auch diese Farbnuance ist eine unreine Farbe, denn sie ist gleichzeitig mit Weiß und Schwarz gemischt.

Im Beispiel (C) haben wir es dagegen mit einer reinen bunten Farbe zur tun. Aus den Potenzialen 00, 70 und 100 ergeben sich die Grundfarben-Teilmengen Y 70 und R 30. Das ist eine Buntart, die zu 70 Teilen aus Gelb und zu 30 Teilen aus Orangerot besteht.

Schließlich demonstriert das Beispiel (D), wie eine Unbuntart, nämlich ein mittleres Grau zustande kommt, wenn in allen drei Urfarben-Potenzialen gleiche Werte

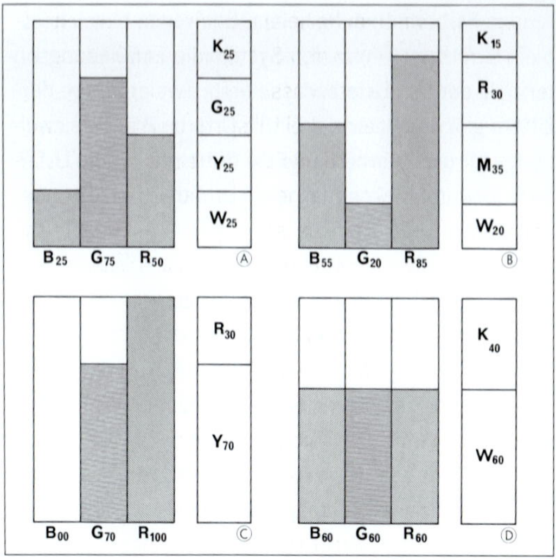

Die Entstehung von Farbempfindungen im Sehorgan. Mischung A ergibt ein trübes Olivgrün, B ein Rotbraun, C ein reines Gelb und D ein mittleres Grau.

vorhanden sind, in diesem Beispiel 60 Mengenteile. Diese entsprechen der Grundfarben-Teilmenge W 60, die zusammen mit dem nicht in Anspruch genommenen Potenzial, also mit dem Wert für Schwarz von K 40, zu der Farbempfindung dieses mittleren Graus führen.

Das Urfarben-Kennzahlen-System und das Grundfarben-Kennzahlen-System

Ein Kunstmaler hätte sicherlich bereits Probleme, wenn er aus seinen vielen Ölfarbentuben nur 1000 deutlich unterscheidbare Farbnuancen ausmischen sollte. Ein besonders farbsensibler Beobachter kann um die 100 000 Farbnuancen unterscheiden. Mit meinem Urfarben-Kennzahlen-System lassen sich eine Million Farbnuancen präzise kennzeichnen. Es ist Unsinn, wenn in der Computerindustrie behauptet und damit geworben wird, dass man 16,7 Millionen Farben darstellen könne. Denn von einer anderen Farbe kann nur dann gesprochen werden, wenn ein Unterschied wahrnehmbar ist.

Wir wissen bereits, dass weder die Materialeigenschaft noch der Farbreiz feste Beziehungen zur resultierenden Farbempfindung haben. Deswegen bezeichnet mein Urfarben-Kennzahlen-System die Empfindungspotenziale der drei Urfarben. Die erste Zweiergruppe der Ziffern gibt das Potenzial für die Urfarbe B an, die zweite das für die Urfarbe G und die dritte das für die Urfarbe R. Dadurch bekommen die 8 Grundfarben folgende Kennzahlen:

		B	G	R
W	=	99	99	99
Y	=	00	99	99
M	=	99	00	99
C	=	99	99	00
R	=	00	00	99
G	=	00	99	00
B	=	99	00	00
K	=	00	00	00

Aus jeder Urfarben-Kennzahl lässt sich auf einfachste Weise die Grundfarben-Kennzahl ableiten, die einerseits erklärt, wie im Empfindungsmechanismus die betreffende Farbempfindung zustande kommt, und die andererseits die Mischformel für das Mischen deckender Farbmittel ist.

Wie bereits in der Abbildung S. 93 veranschaulicht wurde, führt der größte gemeinsame Wert aller drei Urfarben zu einer Teilmenge der Grundfarbe W. Darüber hinausgehende Werte in zwei Urfarben lassen Teilmengen der Grundfarben Y oder M oder C entstehen. Überschießende Werte in nur einer Urfarbe bilden Teilmengen der Grundfarben R oder G oder B und die Differenz zwischen dem größten vorhandenen Wert und 99 gibt die Teilmenge der Grundfarbe K an. Die Summe der Mengenteile in der Grundfarben-Kennzahl ist immer 99. Das kommt daher, dass in einem System mit zweistelligen Zifferngruppen zwischen 00 und 99 einhundert Stufen existieren.

Eine Farbnuance kann maximal aus vier Teilmengen bestehen
In diesem Schema erkennen wir die prinzipiellen Möglichkeiten der Zusammensetzung einer Farbempfindung. Beginnen wir links oben: In (A) sehen wir die reine unbunte Grundfarben Weiß (W 100), darunter, in (B), die reine bunte Grundfarben Gelb (Y 100) und in (C) die reine bunte Grundfarben Grün (G 100) und schließlich in (D) die reine unbunte Grundfarbe Schwarz (K 100). Das Kästchen (E) zeigt eine rei-

Die Zusammensetzung von Farbnuancen

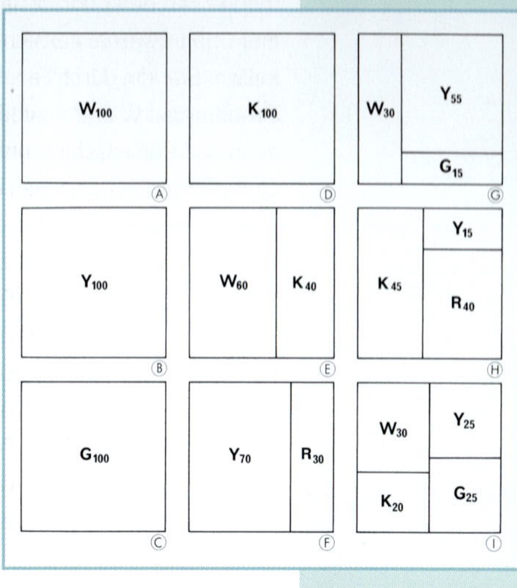

ne Unbuntart, also eine Mischung aus Weiß und Schwarz, das Kästchen (F) zeigt eine reine Buntart, in diesem Fall eine Mischung aus Gelb und Orangerot.

Wenn eine reine Buntart mit Weiß gemischt ist, wie in (G), gibt es drei Teilmengen, in diesem Fall solche von Weiß, Gelb und Grün. Das führt zu einer verweißlichten Buntart. Ebenfalls gibt es drei Teilmengen, wenn eine reine Buntart mit Schwarz gemischt ist, wie in (H), nämlich Gelb, Orangerot und Schwarz. Dann entsteht eine verschwärzlichte Buntart, in diesem Falle ein Braun.

Maximal kann eine Farbnuance aus vier Teilmengen zusammengesetzt sein. Nämlich dann, wenn eine Buntart mit einer Unbuntart zusammen kommt, wie in (I). Hier haben wir Teilmengen der beiden bunten Grundfarben Gelb und Grün, die mit Teilmengen der beiden unbunten Grundfarben Weiß und Schwarz gemischt sind. Dadurch entsteht eine unreine, eine gebrochene, eine trübe Farbe, eine vergraute Farbe.

Buntausmischung und Unbuntausmischung

Prinzipiell besteht jede beliebige Farbnuance aus einem Buntwert und einem Unbuntwert, bzw. aus einer Buntmenge und einer Unbuntmenge. Für die Entstehung des Unbuntwertes gibt es aber zwei extreme Möglichkeiten. Er kann durch Teilmengen der beiden unbunten Grundfarben W und K gebildet werden. Er kann aber auch dadurch entstehen, dass komplementäre bunte Grundfarben gegenseitig ihr Buntsein auslöschen.

Wenn in einem Mischsystem die Unbuntwerte durch Teilmengen der unbunten Grundfarben Weiß und Schwarz gebildet werden, sprechen wir von ›Unbuntausmischung‹ oder, wenn es sich um Bildwiedergabe handelt, vom ›Unbuntaufbau‹ des Bildes. Wenn in einem Mischsystem aber die Unbuntwerte dadurch entstehen, dass bunte Grundfarben gegenseitig ihr Buntsein auslöschen, nennen wir das ›Buntausmischung‹ oder, wenn es sich um Bildwiedergabe handelt, von ›Buntaufbau‹.

Unbuntausmischung und Buntausmischung sind also die beiden extremen Möglichkeiten des Farbenmischens. Natürlich gibt es, je nach Eigenschaften der verwendeten Farbmittel und je nach den technischen Voraussetzungen, z. B. in der Reproduktionstechnik, auch alle Zwischenstufen zwischen Unbuntausmischung und Buntausmischung. Doch um die Gesetzmäßigkeiten deutlich zu erklären, werden wir uns nur mit den extremen Möglichkeiten befassen.

Das Gesetz der Additiven Farbmischung (AddMi)
Die ›Additive Farbmischung‹ arbeitet mit den Farblichtern Orangerot, Grün und Violettblau (RGB), die hier zu den drei bunten ›Additiven Grundfarben‹ werden. Sie sind in diesem Prozess die Primärfarben. Als Basisfarbe muss die unbunte Grundfarbe Schwarz vorhanden sein, um die Differenzwerte auszufüllen.

Auch das Fernsehen arbeitet nach dem Prinzip der AddMi. Hier übernimmt die Dunkelheit im Fernsehkasten die Rolle der Basisfarbe Schwarz. Die Rasterplatte des Fernsehbildschirmes ist unterteilt in sehr kleine Quadrate, die so klein sind, dass man sie mit bloßem Auge nicht erkennen kann. Jedes dieser Quadrate ist aufgeteilt in drei nebeneinanderliegende Streifen, von denen jeder eine Additive Grundfarbe erscheinen lassen kann. Diese winzigen Elemente nennt man ›Phosphore‹. Durch ›Kathodenstrahlen‹ werden sie zum Leuchten gebracht. Die Intensität kann zwischen Null und 100 Prozent variiert werden. Es genügt eine einfache Lupe, um sich das anzusehen.

Additive Farbmischung

In der Abbildung sehen wir das Schema der AddMi, wie wir es entstehen lassen können, wenn wir in einem dunklen Raum mit drei Projektoren arbeiten, die die Farblichter RGB hervorbringen. Wo kein Farblicht auf der Projektionswand erscheint, sieht man die unbunte Grundfarbe Schwarz. Dort, wo auf der Projektionswand nur ein Farblicht wirksam ist, haben wir es mit den Primärfarben R, G und B zu tun. An den Stellen, wo zwei Farblichter übereinander geblendet wurden, sind als Sekundärfarben Y, M und C entstanden. Und schließlich entsteht als Tertiärfarbe Weiß dort, wo alle drei Additiven Grundfarben gleichzeitig vorhanden sind.

Das Fernsehen ist ein trichromatischer Prozess, also ein Prozess mit drei bunten Grundfarben. Hier haben wir es mit buntem Bildaufbau, mit Buntaufbau, zu tun. Denn die Unbuntwerte entstehen dadurch, dass die bunten Grundfarben gegenseitig ihr Buntsein auslöschen. Hinzu kommen die Differenzwerte, die durch Schwarz ausgefüllt werden. Genau genommen haben wir es demnach mit vier Additiven Grundfarben zu tun, mit RGB und K. Als Sekundärfarben entstehen YMC und als Tertiärfarbe W. Auf diese Weise wird das Sehorgan veranlasst, die Empfindungen der acht Grundfarben hervorzubringen. Durch Variation der Intensitäten können alle dazwischen liegenden Farben entstehen.

Wenn wir uns noch einmal das Schema der Wirkungskette zwischen Licht und Farbempfindung (S.78) ansehen, erkennen wir, dass bei der Additiven Mischung der Farbreiz selbst manipuliert wird. Im Prinzip ahmt die AddMi die Arbeitsweise des Sehorgans nach.

Die Bezeichnung Additive Mischung ist deshalb sinnvoll, weil beim Schwarz begonnen wird, also dem Nichtvorhandensein von Strahlungsenergie bzw. von Empfindungspotenzial, bis man durch Steigerung der Urfarbenintensitäten, durch Hinzufügen, durch Addieren, beim Maximum, beim Weiß ankommt.

Das Gesetz der Subtraktiven Farbmischung (SubMi)

Bei der ›Subtraktiven Mischung‹ greift die Manipulation an einer anderen Stelle der Wirkungskette ein, nämlich im Materialbereich. Jetzt benötigen wir als Primärfar-

Subtraktive Farbmischung

ben die ›Subtraktiven Grundfarben‹ Y, M und C. Sie müssen als transparente Schichten, also als Filterschichten zur Verfügung stehen. Denn jetzt werden die nicht absorbierten Strahlungsbereiche des Spektrums transmittiert, also durchgelassen.

Die Buntfotografie (Farbfotografie) arbeitet nach dem Prinzip der SubMi. Hier haben wir es mit den Filterschichten Y, M und C zu tun. Jetzt füllt die Basisfarbe Weiß die Differenzwerte aus. Die unbunte Grundfarbe Weiß kann dabei entweder durch das weiße Durchleuchtungslicht oder durch die weiße Papieroberfläche repräsentiert werden. Im Prinzip funktioniert die SubMi reziprok zur AddMi.

In der Abbildung sehen wir das Schema der SubMi. Stellen wir uns ein Buntdia (Farbdiapositiv) vor, das mit Hilfe eines Projektors auf eine Projektionswand projiziert wird. Wo in keiner Filterschicht Farbanteile gebildet wurden, kann das weiße Licht ungehindert passieren, denn hier kann natürlich keine Absorption stattfinden. Der Betrachter hat die Farbempfindung Weiß. Wo eine Filterschicht alleine voll absorbiert, sehen wir die Primärfarben Y, M und C. Als Sekundärfarben entstehen R, G und B dort, wo zwei Filterschichten übereinanderliegen und deshalb nacheinander voll absorbieren. Und als Tertiärfarben kommt K dann zustande, wenn nacheinander in allen drei Filterschichten optimale Absorption stattfindet. Dadurch, dass in jeder Filterschicht die Farbstoffmenge zwischen Null und 100 Prozent variiert werden kann, lassen sich alle möglichen Farbvariationen realisieren.

Die Bezeichnung Subtraktive Mischung ist deshalb sinnvoll, weil beim Weiß begonnen wird. Durch Absorption in den Filterschichten, also durch Subtrahieren,

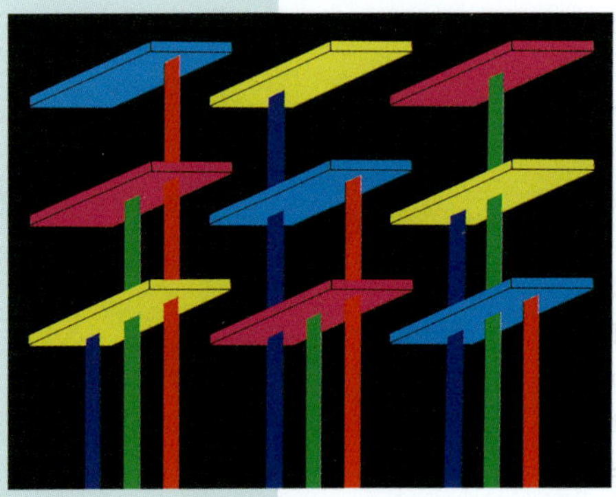

Absorption in den Filterschichten

kann mehr und mehr Strahlungsenergie entfernt werden bzw. reduziert sich das Empfindungspotenzial, bis man beim Schwarz ankommt.

Die Wirkung der Filterschichten bei der SubMi
Die Abbildung oben veranschaulicht das Prinzip der SubMi in drei Variationen. Die jeweils drei Farbstreifen BGR, die vom unteren Bildrand ausgehen, symbolisieren die drei entsprechenden Spektralbereiche des weißen Lichtes, B den kurzwelligen, G den mittelwelligen und R den langwelligen. Im linken Teil der Abbildung sehen wir, dass B in der gelben Filterschicht ›hängenbleibt‹. Die kurzwellige Strahlung wird hier absorbiert, nur G und R können passieren, was beim Betrachter zur Farbempfindung Y führt. Da nun G in der magentaroten Farbschicht absorbiert wird, kann durch die nacheinander wirksam werdenden Farbschichten Y und M nur noch die langwellige Strahlung R durchdringen. Sie wird nun ihrerseits in der Filterschicht C absorbiert. Die Kombination aller drei Filterschichten kann keine Strahlung mehr durchdringen, was die Farbempfindung Schwarz entstehen lässt.

Die mittlere und die rechte Darstellung in der Abbildung zeigen das Analoge in anderer Reihenfolge. In der Mitte werden zunächst von der Filterschicht M nur die Strahlungsbereiche B und R durchgelassen. Dann wird in der Filterschicht C der Strahlungsbereich R absorbiert und nur B kann weiterlaufen, um in der Schicht Y absorbiert zu werden. Und entsprechend ist es in der rechten Darstellung. Die Schicht C lässt nur B und G durch. In der Schicht Y wird B absorbiert. Das übrig gebliebene G wird dann in der Schicht M verschluckt, sodass auch hier durch die Kombination aller drei Filterschichten keine Strahlung durchdringen kann. Das führt zur Farbempfindung K.

Das Prinzip der SubMi liegt nicht nur der Buntfotografie zugrunde, sondern auch dem Dreifarbendruck und dem Vierfarbendruck und ebenfalls dem Arbeiten mit Aquarellmalfarben.

Das Gesetz der Integrierten Farbmischung (IntMi)
Wir haben gesehen, wie bei der AddMi durch das Zusammenwirken der Farblichter der drei bunten Grundfarben RGB mit der Basisfarbe Schwarz alle acht Extremempfindungen, also alle acht Grundfarben zustande kamen. Und wir haben gesehen, wie bei der SubMi durch das Zusammenwirken der drei Filterschichten YMC mit der Basisfarbe Weiß ebenfalls alle acht Grundfarben hervorgebracht werden konnten.

Bei der ›Integrierten Farbmischung‹ treffen wir auf ein völlig anderes Prinzip, nämlich auf das Prinzip der Mengenaustausches. Die IntMi bezieht sich auf deckende Farbmittel. Hier gibt es nur eine einzige deckende Farbschicht. Demzufolge kann es keine Basisfarbe geben. Denn die deckende Farbschicht deckt ja den Untergrund, den Trägerstoff, total ab. Diese eine Farbschicht entspricht immer der mathematischen Menge 1 bzw. 100 Prozent. Das Prinzip des Mengenaustausches besagt, dass die Gesamtmenge immer die gleiche ist und dass darin nur Grundfarben-Mengenteile ausgetauscht werden.

Die sechs Gruppen der Integrierten Farbmischung

W	W	W	W	W	W
Y	C	C	M	M	Y
G	G	B	B	R	R
K	K	K	K	K	K

Bei der IntMi werden alle acht Grundfarben zu Primärfarben. Sekundärfarben sind jetzt Mischungen aus zwei Primärfarben und Tertiärfarben solche aus drei Primärfarben. Mischungen, in denen vier Grundfarben vertreten sind, kann man entsprechend der Sprachlogik ›Quartärfarben‹ nennen.

Wir wissen bereits, dass jede Farbnuance prinzipiell aus maximal vier Teilmengen besteht. Und diese Erkenntnis liegt der IntMi zugrunde. Bei der IntMi entstehen grundsätzlich sämtliche Unbuntwerte aus Teilmengen der unbunten Grundfarben Weiß und Schwarz. Wir treffen hier also auf das konsequente Prinzip der Unbuntausmischung bzw. des Unbuntaufbaus.

Wie uns die Tabelle (S. 101) zeigt, gibt es bei der IntMi nur sechs Gruppen von je vier Grundfarben, die zusammenkommen können. Und zwar können jeweils zwei auf dem Sechseck nebeneinander liegende bunte Grundfarben mit den beiden unbunten Grundfarben W und K eine Mischung eingehen.

Die Bezeichnung Integrierte Mischung habe ich für das von mir entdeckte und formulierte Mischgesetz deshalb gewählt, weil hier eine Integration zwischen Subtraktion und ›Optischer Mischung‹ stattfindet. Jedes einzelne der winzig kleinen Farbpigmente absorbiert entsprechend seiner Farbe Teile des Spektrums. Aber jedes einzelne Pigment reflektiert gleichzeitig sein ›Restlicht‹. Da wir die einzelnen Reflexionen wegen der Winzigkeit der Pigmente nicht erkennen können, vermischen sie sich durch Optische Mischung (s. S. 108) zur einheitlich gesehenen Farbnuance.

Die sechs Gruppen der IntMi

Die Abbildung rechts zeigt, welche Grundfarben bei der Integrierten Mischung zusammenkommen können. Es sind sechs Gruppen. In jeder Gruppe sind die beiden unbunten Grundfarben W und K vorhanden, um die Unbuntwerte zu bilden. Und in jeder Gruppe finden wir zwei bunte Grundfarben, die auf dem Sechseck benachbart sind und die den Buntwert der Mischnuance hervorbringen. Bei der IntMi können nur die Grundfarben einer Gruppe bei der Mischung jeder beliebigen Farbnuance zusammenkommen.

Die sechs Gruppen der Integrierten Farbmischung

Die acht deckenden Tubenmalfarben für die IntMi
Wenn man mit deckenden Farbmitteln arbeitet, z. B. mit Künstlerölfarben oder Lacken, benötigt man acht aufeinander abgestimmte Farbmittel, die den acht Grundfarben entsprechen. In der Abbildung auf S. 104 sehen wir den Küppers-Grundfarbensatz der Künstlerfarbenfabrik Schmincke. Es handelt sich hier um Gouache-Tubenmalfarben (Tempera), die, soweit das heute möglich ist, den theoretischen Forderungen entsprechen. Die Buntarten sind so genau aufeinander abgestimmt, dass man tatsächlich mit jeder Zweiergruppe von komplementären bunten Grundfarben exakt das gleiche neutrale Grau ausmischen kann wie aus Weiß und Schwarz. Und auch die Färbekraft und das Deckvermögen sind, soweit möglich, optimiert worden.

Sehr wichtig ist dabei die Malfarbe Schwarz. Es muss ein Schwarz verwendet werden, das nicht auf Rußbasis aufgebaut ist. Denn schwarze Farben, die mit Hilfe von Ruß hergestellt wurden, lassen die Mischung schmutzig und trübe, immer unansehnlich aussehen.

Die deckenden Tubenmalfarben für die Integrierte Farbmischung

Schwarz darf aber die Mischung nur dunkler machen, nur verschwärzlichen. Deswegen haben wir es bei dem Küppers-Grundfarbensatz mit einem Pigmentschwarz zu tun.

Der neue Küppers-Grundfarbensatz hat jetzt, bei gleichem Preis, 60 ml-Tuben. Die acht Grundfarben sind so aufeinander abgestimmt, dass die Gegenfarben (Komplementärfarben) sich zum gleichen Grau mischen lassen wie Weiß und Schwarz.

Kann man aus Gelb und Blau Grün mischen?

An dieser Frage scheiden sich in der Farbenlehre die Geister. Man kann diese Frage mit Ja und mit Nein beantworten. Das muss sorgfältig erklärt werden.

Es kommt nämlich darauf an, welches Gelb man mit welchem Blau mischt und ob es sich um lasierende oder um deckende Farbmittel handelt. Wenn man mit deckenden Malfarben die beiden Grundfarben Gelb (Y) und Violettblau (B) mischt, bekommt man auf keinen Fall Grün, sondern ein neutrales Grau. Wenn man dagegen mit deckenden Malfarben die Grundfarbe Gelb (Y) mit der Grundfarbe Cyanblau (C) mischt, erhält man ein grünes Mischergebnis, aber eben nicht die Grundfarbe Grün, sondern ein verweißlichtes Grün, ein Grün, das man auch durch Mischung der Grundfarbe Weiß mit der Grundfarbe Grün bekommen kann.

Nur bei der SubMi entsteht durch das Zusammenwirken der übereinanderliegenden Filterschichten Y und C die Grundfarbe Grün als Sekundärfarbe, allerdings unrein, da Fehlabsorptionen und Fehlreflexionen wirksam sind.

Das Analoge gilt für das Mischen von Orange aus Gelb und Rot und für das Mischen von Violett aus Rot und Blau. Und wenn man mit deckenden Malfarben die Grundfarbe Gelb (Y) mit der Grundfarbe Magentarot (M) mischt, erhält man als Sekundärfarbe nicht die Grundfarbe Orangerot (R), sondern eine verweißlichte orangerote Farbnuance. Wenn man mit deckenden Malfarben die Grundfarbe Magentarot (M) mit der Grundfarbe Cyanblau (C) mischt, ergibt das als Sekundärfarbe nicht die Grundfarbe Violettblau (B), sondern eine verweißlichte violettblaue Farbnuance.

Nur wenn man überpigmentierte lasierende Malfarben verwendet, kann man aus den Grundfarben Y und C die Grundfarbe G ermischen. Man sollte aber, um die Gesetzmäßigkeit der Farbmischungen zu begreifen, für systematische Farbmischübungen aufeinander abgestimmte deckende Malfarben verwenden. Das müssen Malfarben sein, die ihr richtiges Aussehen dann zeigen, wenn sie als einfache deckende Farbschicht aufgetragen werden, ohne dass man sie vorher noch mit Weiß mischt. Der Küppers-Grundfarbensatz von Schmincke erfüllt diese Voraussetzung.

Unsinn ist es, wenn behauptet wird, man könne aus den Grundfarben Gelb, Rot und Blau, z. B. aus den Malfarben des Schulmalkastens, durch Mischung sämtliche anderen Farbnuancen erzeugen. Das wird immer wieder abgeschrieben und leider wird diese beweisbar falsche Behauptung auch heute noch gelehrt und in neuen Büchern publiziert. Denn nicht nur lassen sich die bunten Sekundärfarben nicht rein und leuchtend durch solche Mischung erzielen. Auch die unbunten Grundfarben Weiß und Schwarz können hierbei niemals durch Mischung entstehen.

Denn prinzipiell lässt sich aus den Grundfarben Y, M und C nur in der Subtraktiven Farbmischung die Farben-

Küppers Farbmischkurs

vielfalt hervorbringen, und zwar nur dann, wenn sie als übereinanderliegende Filterschichten zusammenwirken. Die unabdingbare Voraussetzung ist auch hier, dass die unbunte Grundfarbe Weiß als Basisfarbe zur Verfügung steht, um stets die Differenzwerte auszufüllen, sei es als weiße Papieroberfläche oder weißes Licht.

Vorteile der IntMi

Wer das Gesetz der Integrierten Farbmischung verstanden hat, kann daraus erhebliche Vorteile gewinnen. Einerseits ist es viel einfacher und sicherer, gezielt gewünschte Farbnuancen zu ermischen. Andererseits ist das Mischen nach dem Prinzip der IntMi wesentlich wirtschaftlicher. Anstatt teure, reine, bunte Farben zu vergeuden, um Unbuntwerte, Grauwerte entstehen zu lassen, fügt man nun Weiß und Schwarz hinzu.

Mit dem systematischen *Küppers Farbmischkurs* kann man die wichtigsten Grundzüge der Farbenlehre durch praktisches Tun erlernen. Das Heft hat 16 Seiten zum Ausmalen. Wer dieses Ausmalheft durcharbeitet, kann die wesentlichen Erkenntnisse der Farbenlehre erwerben. Und er kann lernen, nach dem Prinzip der IntMi mit deckenden, aufeinander abgestimmten Malfarben systematisch und sicher gewünschte Mischergebnisse zu erzielen.

Die Gesetze der Weißmischung, der Buntmischung und der Schwarzmischung

Es wurde erklärt, wie sich das Gesetz der Integrierten Mischung auf die acht Grundfarben bezieht, wenn sie als deckende Farbmittel zur Verfügung stehen. Bei der IntMi werden sämtliche Unbuntwerte durch Unbuntausmischung, also durch Teilmengen der unbunten Grundfarben Weiß und Schwarz, gebildet.

Natürlich kann man mit deckenden Farbmitteln auch nach dem Prinzip der Buntausmischung arbeiten. Das ist dann genau das entgegengesetzte Prinzip zur IntMi. Jetzt entstehen sämtliche Unbuntwerte dadurch, dass bunte Grundfarben gegenseitig ihr Buntsein auslöschen. Das zugrunde liegende Mischgesetz nennen wir ›Buntmischung‹. Bei der Buntmischung haben wir es mit den sechs bunten Grundfarben zu tun, die hier zu Primärfarben werden. Und zwar nur mit ihnen.

Das hellste Grau, welches dabei entstehen kann, ist die neutrale Ausmischung der drei bunten Grundfarben Y, M und C, das dunkelste Grau ist die neutrale Ausmischung der bunten Grundfarben R, G und B. Natürlich kann man in der Buntmischung nicht die gesamte Farbenvielfalt hervorbringen. Weder Weiß noch Schwarz noch sehr helle und sehr dunkle Farbnuancen können durch Mischung deckender bunter Grundfarben entstehen.

Sämtliche hellen Farbnuancen, die nicht durch Buntmischung hervorgebracht werden, kann man aus den Grundfarben Y, M, C und W ermischen. Diese vier Grundfarben sind dieselben Primärfarben wie bei der SubMi, nur stehen sie jetzt als deckende Farbmittel zur Verfügung. Das hier zugrunde liegende Mischgesetz nennen wir ›Weißmischung‹. Sämtliche dunklen Farbnuancen, die nicht durch Buntmischung zu erzielen sind, können aus den Grundfarben R, G, B und K durch Mischung entstehen. Das sind dieselben Grundfarben wie bei der AddMi. Sie werden auch hier zu Primärfarben. Nur eben als deckende Farbmittel. Das diesem Prinzip zugrunde liegende Mischgesetz nennen wir ›Schwarzmischung‹.

Diese drei Mischgesetze, die nur gemeinsam die gesamte Farbenvielfalt hervorbringen, können hier nur angedeutet, gewissermaßen nur gestreift werden. Warum diese drei Mischgesetze zusammengehören, wird später, wenn es um die Ordnungssysteme der Farben geht, veranschaulicht und erläutert (s. S. 133).

Das Gesetz der Graumischung

Es gibt noch ein weiteres interessantes Mischgesetz, bei dem zu den acht Grundfarben noch drei unbunte Hilfsfarben hinzukommen, nämlich Hellgrau, Mittelgrau und Dunkelgrau. Zusammen mit den beiden unbunten Grundfarben Weiß und Schwarz stehen hier dann also insgesamt fünf Unbuntarten zur Verfügung.

Dieses Mischgesetz kann dort von Bedeutung sein, wo es darum geht, harmonische Zusammenhänge, z. B. bestimmte Farb-Paletten für die Farbgestaltung, aufzufinden. Es kann aber auch aus wirtschaftlichen Gründen Bedeutung bekommen, wenn es darum geht, anstelle der extrem reinen unbunten Grundfarben Weiß und Schwarz aus Kostengründen billigere graue Farbmittel einzusetzen.

Wer zu diesen Gesetzen ausführliche Informationen sucht, findet sie in meinem Buch *Die Logik der Farbe.*

Das Gesetz der Optischen Mischung

Das Auflösungsvermögen unserer Augen ist begrenzt. Details können wir nur bis zu einer bestimmten Größe erkennen. Winzige Flächenelemente werden nicht mehr einzeln identifiziert. Ihre Reflexionen vermischen sich zu einer einheitlich wahrgenommenen Farbnuance.

Ein Beispiel dafür ist der Rasterdruck in der Abbildung (S. 109). Wenn man die kleine graue Fläche durch eine Lupe betrachtet, erkennt man, dass sie aus winzigen Rasterpunkten in den Grundfarben Y, M und C besteht, die daneben vergrößert abgebildet sind. Es handelt sich hier also um einen Dreifarbendruck. Dort, wo zwei Schichten der transparenten Druckfarbe übereinanderliegen, sind Sekundärfarben entstanden. Die Rasterpunkte sind so klein, dass sie vom Auge nicht mehr einzeln erkannt werden können. Die Rasterfeinheit wird in Linien pro cm angegeben. Ein grober Raster, wie er in Zeitungen vorkommt, kann 18 bis 24 Linien pro cm haben. Feine Raster gehen bis zu 100 Linien pro cm, was zu einer Anzahl von 10 000 Rasterpunkten auf einem Quadratzentimeter allein in einer Druckfarbe führt. Die Auflösungsgrenze des Auges liegt etwa bei 48 Linien pro cm. Ab dieser Feinheit kann man mit bloßem Auge die Rasterpunkte nicht mehr einzeln erkennen. Das Zusammenwirken von Subtraktiver und Optischer Mischung im Mehrfarbendruck nennt man ›Autotypische Mischung‹.

In der Optischen Mischung sind die verschiedenfarbigen Elemente nicht mehr zu unterscheiden.

Die Optische Mischung findet auch dort statt, wo feine Garne verschiedener Farben in einem Stoff verarbeitet sind. Der Stoff erscheint uns einfarbig. Betrachtet man den Stoff durch eine Lupe, durch einen so genannten Fadenzähler, erkennt man die verschiedenen Farben der einzelnen Fäden.

Natürlich spielt die Optische Mischung auch beim Fernsehen mit. Denn wir können ja die winzigen Flächenelemente nicht einzeln erkennen.

Optische Mischung kann auch durch die Entfernung des Betrachters zum Objekt zustande kommen. Auch hier ist es dann so, dass eine einheitliche Farbnuance wahrgenommen wird, wenn man die verschiedenfarbigen Flächenelemente nicht mehr einzeln unterscheiden kann.

Das Gesetz der Speed-Mischung

Dieses Gesetz bezieht sich auf die Reaktionsgeschwindigkeit unserer Augen. Bei der Wahrnehmung gibt es für das Sehorgan eine Trägheitsgrenze. Sie liegt bei etwa 18 Bildern in der Sekunde. Nur durch diese Tatsache ist es möglich, dass Filme für uns ein kontinuierliches Seherlebnis sind. In Wirklichkeit besteht ein Film aus einer Vielzahl von Einzelbildern, die so schnell nacheinander gezeigt werden, dass wir sie nicht mehr einzeln erkennen können.

Diese Tatsache kann man sich auch für das Farbenmischen nutzbar machen. In der Abbildung sehen wir

Durch die Trägheit des Auges verbinden sich die unterschiedlichen Farben auf der rotierenden Scheibe zu einem einheitlichen Ton (oben: Unbuntausmischung, unten: Buntausmischung).

links oben eine Kreiselscheibe im Stillstand. Sie ist auf einen Ventilatormotor montiert. Sobald der Motor eingeschaltet ist, wird die Scheibe in schnelle Drehung versetzt. Wir sehen, rechts daneben, wie sich die Reflexionen zu einer einheitlich gesehenen Farbnuance vermischen. Dies ist ein Beispiel für Unbuntausmischung. Denn wir haben es mit Kreissegmenten von M, W und K zu tun. Links unten finden wir ein Beispiel für Buntausmischung. Wie sich die Kreissegmente von Y, M, C und G vermischen, ist rechts daneben zu sehen.

Mit dieser Technik der Kreiselscheibe kann man systematisch arbeiten. Man kann sich Farbscheiben in den acht Grundfarben herstellen. Wenn man sie entlang einem Radius aufschneidet, lassen sie sich ineinanderstecken, sodass man beliebige Kreissegmente herstellen kann, indem man die Farbscheiben gegeneinander verdreht.

Das Gesetz der Farbstoff-Mischung

Wenn man eine Wohnung renovieren will, geht es darum, die Wände neu anzustreichen. Man kann sich z. B.

für eine Eierschalenfarbe oder für ein helles Grün oder für ein helles Gelb entscheiden. Um eine solche Wandfarbe zu realisieren, steht ein großer Eimer mit weißer Binderfarbe zur Verfügung, auf den die gewünschte Farbnuance aufgefärbt wird. Dazu nimmt man meistens konzentrierte flüssige Farbmittel.

Da es hier nicht darauf ankommt, besonders grelle, reine und leuchtende Farben zu bekommen, genügen als Primärfarben die bunten Grundfarben Y, M und C. Praktisch ist es, wenn man zusätzlich Schwarz zur Verfügung hat, um die Farben ›zu brechen‹, abzutönen. Aber auch dieses Schwarz muss ein Pigmentschwarz sein. Hier ist es wie bei der SubMi. Die Sekundärfarben R, G und B können wegen Fehlabsorptionen und Fehlreflexionen nicht rein und leuchtend sein.

Sollte es darauf ankommen, reine, leuchtende, bunte Sekundärfarben in der Mischung zu erzielen, benötigt man alle sechs bunten Grundfarben. Wenn man noch Schwarz hinzunimmt, stehen zusammen mit dem Weiß der Binderfarbe im Eimer dann alle acht Grundfarben zur Verfügung.

Das Gesetz der Nuancen-Mischung

Natürlich kann man, wie das ja viele Kunstmaler tun, jede beliebige Farbe mit jeder anderen beliebigen Farbe mischen. Das nennen wir dann ›Nuancen-Mischung‹.

Die Mischmöglichkeiten, die zwischen zwei beliebigen deckenden Farben gegeben sind, lassen sich auf einer Skala, auf einer Stufenleiter, darstellen. An den beiden Enden dieser Skala stehen die beiden Ausgangsnuancen. Die Mischungen vollziehen sich nach dem Prinzip des Mengenaustausches. Je größer die Teilmenge der einen Farbnuance in der Mischung ist, desto geringer wird die der anderen. So kann man die gegebenen Möglichkeiten systematisch ausmischen, auf einer Skala darstellen und dann die gewünschte Mischnuance auswählen.

Wir haben zwei mathematische Ordnungssysteme kennengelernt: mein Urfarben-Kennzahlen-System und mein Grundfarben-Kennzahlen-System. Das Urfarben-Kennzahlen-System beschreibt den physiologischen Aufbau einer Farbnuance. Mit Hilfe der Mengenlehre können wir daraus die Grundfarben-Kennzahlen für dieselbe Farbnuance ableiten. Die Grundfarben-Kennzahl erklärt den Aufbau dieser Farbnuance in Bezug auf ihre Grundfarben-Teilmengen. Damit wird der Zusammenhang zwischen der physiologischen Entstehung der Farbnuance im Sehorgan und ihrer Mischformel für die Integrierte Farbmischung, also für die Mischung mit deckenden Farbmitteln, hergestellt.

Mit diesen beiden mathematischen Systemen kann man einzelne Farbnuancen erklären und beschreiben. Will man aber einen Überblick über die Gesamtheit der Farben und über die Beziehungen zwischen allen Farbnuancen gewinnen, benötigt man geometrische Systeme. Geometrische Systeme gestatten das Erkennen der Zusammenhänge und der Beziehungen der Farben zueinander gewissermaßen auf einen Blick.

Zwei eindimensionale Ordnungssysteme

Wir beginnen mit den beiden eindimensionalen Ordnungssystemen. Die Linie zwischen den Endpunkten W und K ist die ›Gerade der verschiedenen Unbuntarten‹ oder kurz ›Unbuntarten-Gerade‹. Das ist die logische und systematische Ordnung von sämtlichen unbunten Farben, also von Weiß und Schwarz und allen Mischungen aus beiden. Jede Unbuntart ist als geometrischer Punkt auf dieser Linie repräsentiert. Das Mischungsverhältnis jeder Unbuntart entspricht den Abständen ihres Punktes zu den Endpunkten W und K.

Buntarten-Sechseck und Unbuntarten-Gerade in der schematischen Darstellung

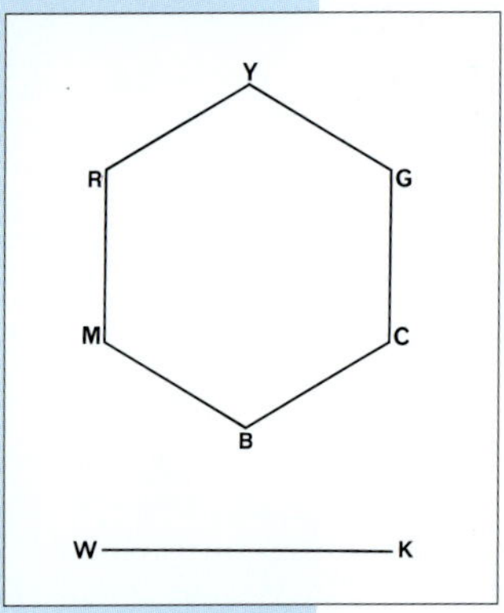

Die Sechsecklinie der bunten Grundfarben nennen wir ›Sechseck der verschiedenen Buntarten‹ oder kurz ›Buntarten-Sechseck‹. Das Buntarten-Sechseck ist zusammengesetzt aus den sechs geraden Linienstücken zwischen je zwei bunten Grundfarben an den Ecken des Sechsecks. Das Buntarten-Sechseck ist die logische und systematische Ordnung aller Buntarten. Jede Buntart ist durch einen Punkt auf der Sechsecklinie repräsentiert. Dabei entspricht das Mischungsverhältnis der beiden beteiligten bunten Grundfarben den Abständen des betreffenden Punktes zu den Eckpunkten.

Das Buntarten-Sechseck und die Unbuntarten-Gerade mit kontinuierlichen Farbübergängen

Unbuntarten-Gerade und Buntarten-Sechseck

Die Abbildung zeigt, wie wir uns diese beiden Ordnungssysteme vorzustellen haben, wenn sie vielfarbig ausgeführt sind. Die Gerade der verschiedenen Unbuntarten ist ein kontinuierlicher Helligkeitsverlauf zwischen Weiß und Schwarz. Das Sechseck der verschiedenen Buntarten ist ein kontinuierlicher Verlauf des Buntseins zwischen je zwei bunten Grundfarben, die an benachbarten Ecken sitzen.

Repräsentiert durch zwei Punkte

Prinzipiell ist jede beliebige Farbnuance repräsentiert durch zwei geometrische Punkte: Die Unbuntart der betreffenden Farbnuance ist repräsentiert durch einen Punkt auf der Unbuntarten-Geraden, ihre Buntart durch einen Punkt auf dem Buntarten-Sechseck. Die Unbuntart entsteht durch das Mischungsverhältnis der Teilmengen von Weiß und Schwarz, die Buntart durch das Mischungsverhältnis der beiden beteiligten bunten Grundfarben.

Bisher hat uns vor allem interessiert, wie eine Farbnuance quantitativ aufgebaut ist, nämlich aus welchen Grundfarben-Teilmengen sie besteht. Nun werden wir sehen, wie sich aus den quantitativen Beziehungen dieser Teilmengen die Qualitätsmerkmale der betreffenden Farbnuance ableiten. Unter Qualitätsmerkmalen verstehen wir beim visuellen Eindruck, den eine Farbnuance auf uns macht, ihre ›Anmutungsqualität‹. Ich nenne die Qualitätsparameter der Farben ›ästhetische Unterscheidungsmerkmale‹.

Die vier ästhetischen Unterscheidungsmerkmale
Das Schema zeigt uns die Mengenbeziehungen in einer Farbnuance.

1. Das Mengenverhältnis zwischen W und K lässt die Unbuntart (UbuA) entstehen.
2. Dasjenige zwischen den beiden bunten Grundfarben, hier zwischen C und B, bringt die Buntart (BuA) hervor.
3. Das Mengenverhältnis zwischen der Vereinigungsmenge von W und K, also zwischen der Unbuntmenge und der Vereinigungsmenge der beiden bunten Grundfarben-Teilmengen, also der Buntmenge, bestimmt den ›Unbuntgrad‹ bzw. den ›Buntgrad‹ (UbuGr bzw. BuGr). Unbuntgrad und Buntgrad sind reziproke Werte. Sie sind wie die zwei Seiten derselben Medaille. Der Unbuntgrad bezeichnet das Ausmaß des Unbuntseins, der Buntgrad dasjenige des Buntseins. Beide zusammen sind immer 100 Prozent. Je größer der Buntgrad, desto kleiner ist der Unbuntgrad und umgekehrt.
4. Das vierte ästhetische Unterscheidungsmerkmal ist die Helligkeit. Sie ergibt sich aus der individuellen Helligkeit der beteiligten Grundfarben und der Größe ihrer jeweiligen Teilmenge.

Die Mengenbeziehungen in einer Farbnuance

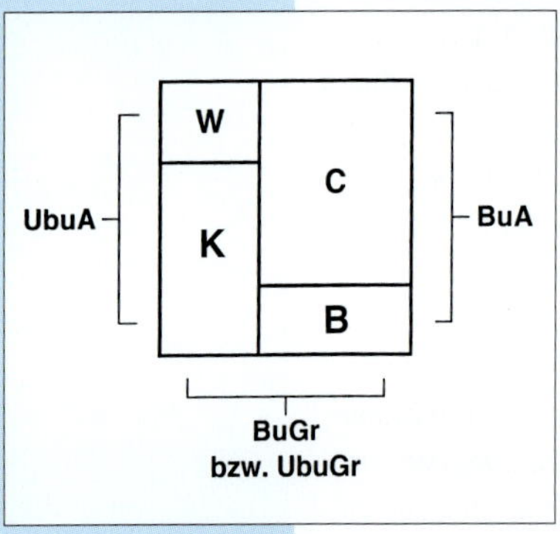

Durch diese Überlegungen gelangen wir zu der Erkenntnis, dass es für jede Farbnuance prinzipiell vier Qualitätsparameter, vier ästhetische Unterscheidungsmerkmale, gibt:

- die Unbuntart
- die Buntart

- den Unbuntgrad, bzw. den Buntgrad
- die Helligkeit.

Um alle Zusammenhänge der Farbenlehre exakt darzustellen, müssen wir uns leider von der orthodoxen Betrachtungsweise, die Helmholtz eingeführt hat, trennen. Wir können nicht mehr, wie das bisher üblich war, sagen, es gäbe drei Qualitätsparameter, nämlich Farbton, Sättigung und Helligkeit. Wenn wir alle Zusammenhänge verstehen und erklären wollen, kommen wir nicht umhin, mit meinen neuen, eindeutigen Begriffsbezeichnungen zu arbeiten. Dann erkennen wir, wie sich aus der klaren quantitativen Ordnung der Grundfarben-Teilmengen zueinander eine ebenso klare qualitative Ordnung der ästhetischen Unterscheidungsmerkmale ergibt. Die Qualitätsordnung der Farben ist ihrer Quantitätsordnung logisch und systematisch überlagert.

Die beiden zweidimensionalen Ordnungssysteme
Wir haben erkannt, dass prinzipiell jede Farbnuance aus einer Buntart und aus einer Unbuntart zusammengesetzt ist. Daraus ergeben sich zwei Möglichkeiten: Man kann eine einzige Buntart systematisch mit allen Unbuntarten ausmischen. Man kann aber auch eine einzige Unbuntart systematisch mit allen Buntarten ausmischen. Die logische und systematische Ordnung aller Mischmöglichkeiten zwischen einer einzigen Buntart und allen Unbuntarten ist das Dreieck der gleichen Buntart bzw. das buntartgleiche Dreieck . Die logische und systematische Ordnung einer einzigen Unbuntart mit allen Buntarten ist das Sechseck der gleichen Unbuntart bzw. das unbuntartgleiche Sechseck, das von mir neu in die Farbenlehre eingeführt wurde.

Die folgende Abbildung zeigt eine systematische Ausmischung einer Buntart, nämlich der bunten Grundfarbe Grün (G) mit ausgewählten Unbuntarten, also mit verschiedenen Graustufen.

Buntartgleiches Dreieck

Die Mengenordnung der Grundfarbe Grün (G)

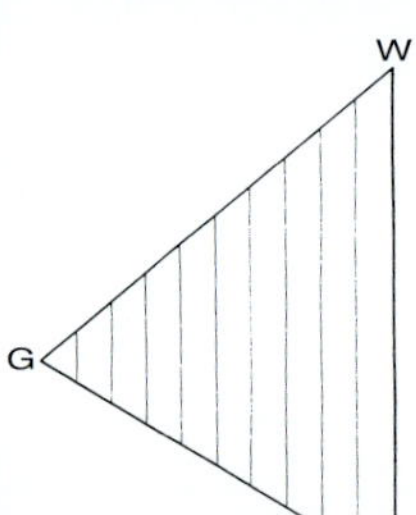

Die Mengenordnung der Buntart G

Im buntartgleichen Dreieck gibt es eine strenge, klare Mengenordnung der Teilmengen aller vorhandenen Farbnuancen. Jede Dreiecksseite, die einer Ecke gegenüberliegt, ist die Bezugslinie für diese Eckfarbe. Auf dieser Bezugslinie ist diese Eckfarbe nicht vertreten. Der Mengenwert dieser Eckfarbe in allen Farbnuancen auf der Bezugslinie ist also Null.

In der Abbildung liegt die Dreiecksseite WK der Grundfarbe Grün (G) gegenüber. Die Grundfarbe G ist hier die Buntart. Die gegenüberliegende Dreiecksseite ist die ›Gerade der verschiedenen Unbuntarten‹. Selbstverständlich gibt es auf dieser Dreiecksseite in den Unbuntarten keine Teilmengen der Buntart G. Je größer der senkrechte Abstand einer Farbnuance von dieser Bezugslinie wird, desto größer ist die Teilmenge der Buntart G. Auf Schnittlinien, die parallel zur Bezugslinie verlaufen, liegen Farbnuancen mit gleicher Teilmenge der Buntart G. Wir können diese parallelen Linien auch als ›Mengenlinien‹ von G bezeichnen. Auf der Mengenlinie mit dem größtmöglichen Abstand liegt nur noch eine einzige Farbnuance, nämlich die Buntart G. Hier ist die Buntmenge gleich 100 Prozent und die Unbuntmenge gleich Null. Hier sind also alle Mengenteile durch die Buntart G ausgefüllt.

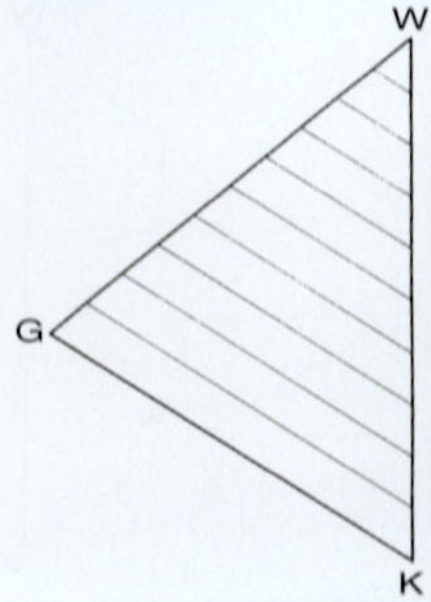

Die Mengenordnung der unbunten Grundfarbe Weiß (W)

Die Mengenordnung von W

Hier finden wir die Mengenordnung der unbunten Grundfarbe Weiß (W) in demselben buntartgleichen Dreieck. Nun ist die Dreiecksseite GK die Bezugslinie. Der senkrechte Abstand einer Farbnuance von dieser Bezugslinie gibt den Mengenwert von W an. Farbnuancen mit gleichem Mengenwert von W liegen auf parallelen Schnittlinien zu dieser Bezugslinie. Natürlich besitzen die Farbnuancen auf der Dreiecksseite GK keine Teilmenge von W. Auf der Mengenlinie mit dem größtmöglichen Abstand zur Bezugslinie gibt es nur noch eine einzige Farbnuance, nämlich die unbunte Grundfarbe W, die keine Teilmenge der beiden anderen Eckfarben besitzt.

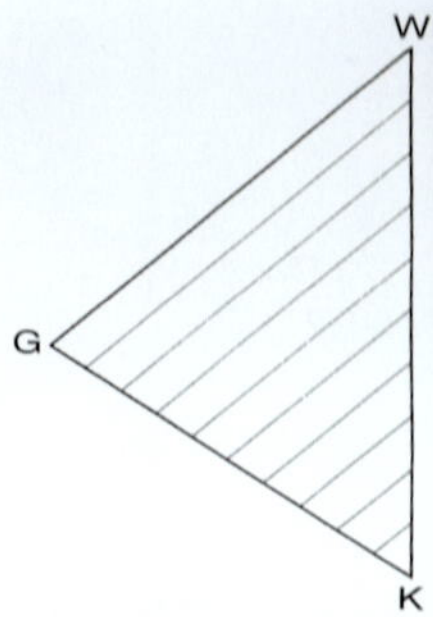

Die Mengenordnung der unbunten Grundfarbe Schwarz (K)

Die Mengenordnung von K

Schließlich finden wir hier die Mengenordnung der unbunten Grundfarbe Schwarz (K) unseres buntartgleichen Dreiecks. Jetzt ist die Dreiecksseite WG zur Bezugslinie geworden. Farbnuancen mit gleichem Mengenwert von K liegen auf parallelen Schnittlinien zu dieser Bezugslinie. Der senkrechte Abstand einer Farbnuance von der Dreiecksseite WG bestimmt die Größe der Teilmenge von K. Auf der Mengenlinie mit dem größtmöglichen Abstand liegt nur noch K, nämlich die unbunte Grundfarbe Schwarz, die natürlich weder eine Teilmenge von W noch eine solche von G haben kann.

Den Abständen entsprechen die Teilmengen

Jeder geometrische Punkt auf der Fläche des buntartgleichen Dreiecks repräsentiert eine Farbnuance, die

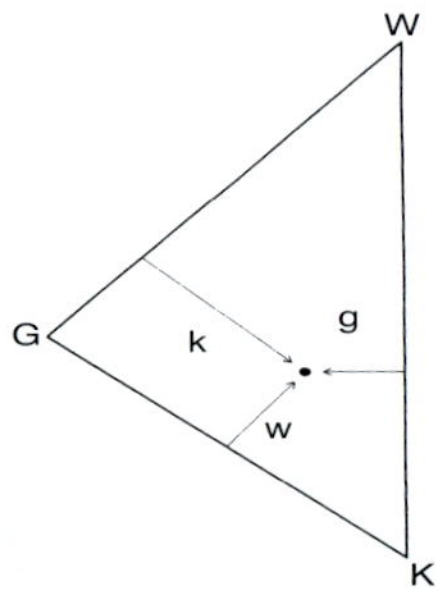

Farbnuancen im buntartgleichen Dreieck

aus den drei Farben an den Ecken durch Mischung entstehen kann. Die senkrechten Abstände eines Punktes von den drei Seiten sind durch Pfeile gekennzeichnet. Jeder senkrechte Abstand gibt den Mengenwert von jener Ausgangsfarbe an, die der Dreiecksseite gegenüberliegt. Jeder Punkt auf der Dreiecksfläche liegt im Schnittpunkt seiner drei Mengenlinien, wodurch die Teilmengen der betreffenden Grundfarben definiert sind.

Merkmallinien im buntartgleichen Dreieck

Wie wir wissen, repräsentiert das buntartgleiche Dreieck sämtliche Farbnuancen der betreffenden Buntart. Auf Schnittlinien, die von der Buntart-Ecke zu einem Punkt auf der gegenüberliegenden Seite WK verlaufen, liegen die Farbnuancen gleicher Unbuntart. Auf Schnittlinien, die parallel zur Dreiecksseite WK verlaufen, liegen die Farbnuancen mit gleichem Buntgrad bzw. Unbuntgrad. Schnittlinien mit Farbnuancen gleicher Helligkeit verlaufen unsymmetrisch über die Dreiecksfläche.

Das Sechseck der gleichen Unbuntart

Wenn wir eine einzige Unbuntart auswählen und diese systematisch mit allen Buntarten ausmischen, erhalten wir ein Sechseck der gleichen Unbuntart bzw. ein unbuntartgleiches Sechseck. Die Abbildung rechts unten zeigt uns ein solches Sechseck gleicher Unbuntart. Im Mittelpunkt der Fläche steht als Unbuntart die unbunte Grundfarbe W. Sie ist systematisch mit allen Buntarten auf den Sechseckseiten ausgemischt.

Mengenordnung im Sechseck gleicher Unbuntart

Auch im Sechseck gleicher Unbuntart gibt es eine klare systematische Ordnung nach Teilmengen. In der Abbildung rechts unten finden wir die Grundfarben-Kennzahlen für ausgewählte Punkte auf diesem unbuntartgleichen Sechseck. In diesem Zahlenschema ist die Unbuntmenge mit U bezeichnet. Sie kann durch jede

Unbuntart ausgefüllt werden, also durch jedes Mischungsverhältnis zwischen Weiß und Schwarz. In unserem Beispiel ist die gesamte Unbuntmenge durch die unbunte Grundfarbe Weiß ausgefüllt.

Unbuntartgleiches Sechseck

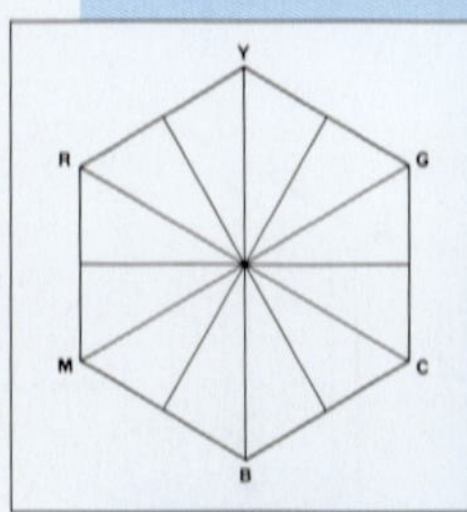

Buntart-Linien im Sechseck gleicher Unbuntart

Buntart-Ordnung im Sechseck gleicher Unbuntart
Das Schema oben rechts zeigt, wie Farbnuancen gleicher Buntart auf Schnittlinien liegen, die von einem Punkt auf einer Sechseckseite zum Mittelpunkt geführt werden. Wir können sie ›Buntart-Linien‹ nennen.

Buntgrad-Ordnung im Sechseck gleicher Unbuntart
Farbnuancen mit gleichem Buntgrad bzw. Unbuntgrad befinden sich auf Linien, die parallel zu den Sechseckseiten verlaufen. Die Seiten sind die Bezugslinien für den Unbuntgrad. Je größer der senkrechte Abstand zur Bezugslinie ist, desto größer ist der Unbuntgrad. Der

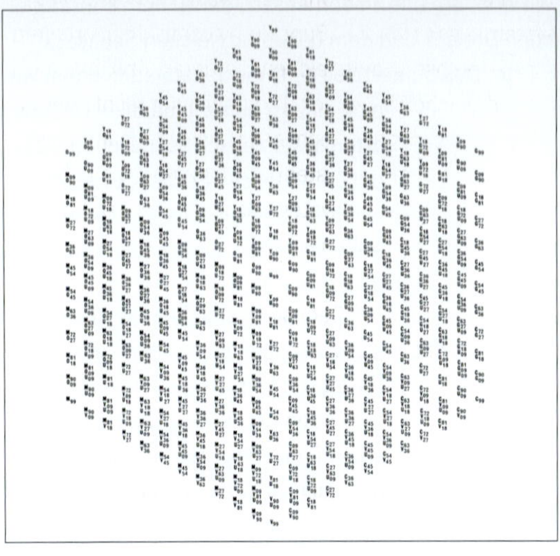

Farbnuancen im unbuntartgleichen Sechseck

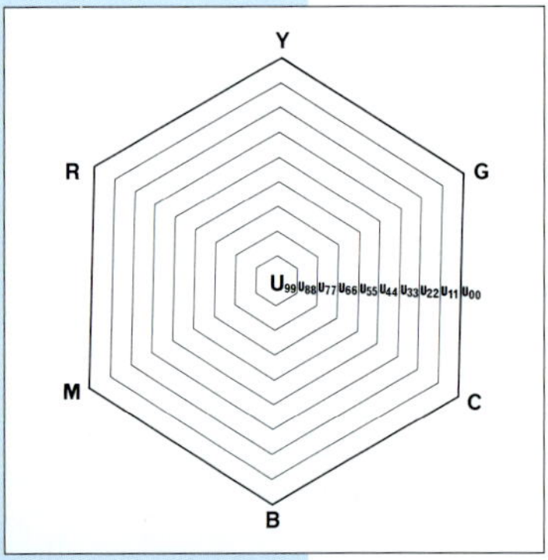

Im Sechseck gleicher Unbuntart befinden sich Farbnuancen mit gleichem Unbuntgrad auf Linien, die parallel zu den Sechseckseiten verlaufen.

größtmögliche Abstand ist im Mittelpunkt der Sechseckfläche gegeben. Hier ist der Unbuntgrad 100 Prozent, was durch 99 Mengenteile von U gekennzeichnet ist. Das sind die ›Buntgrad-Linien‹ des unbuntartgleichen Sechsecks. Die Helligkeitslinien verlaufen unsymmetrisch über die Sechseckfläche.

Sechsecke gleicher Unbuntart

In der Abbildung rechts sehen wir fünf mit Gouache-Farben ausgemalte Sechsecke gleicher Unbuntart. Um den Arbeitsaufwand des Ausmalens in Grenzen zu halten, wurde zwischen der Unbuntart in der Mitte und den zwölf Buntarten auf den Sechseckseiten nur eine Zwischenstufe ausgemischt. Links oben sitzt in der Mitte der Sechseckfläche die Unbuntart Weiß. Es folgen dunkler werdende Graustufen bis zum Dunkelgrau.

Dreidimensionale Ordnungssysteme

Wir erinnern uns an den Ansatz, der zu dem buntartgleichen Dreieck und dem unbuntartgleichen Sechseck führte: Das buntartgleiche Dreieck entstand, indem wir eine einzige Buntart mit allen Unbuntarten systematisch ausmischten. Das unbuntartgleiche Sechseck bekamen wir, indem eine einzige Unbuntart mit allen Buntarten systematisch ausgemischt wurde.

Schematische Darstellung der Sechskant-Doppelpyramide

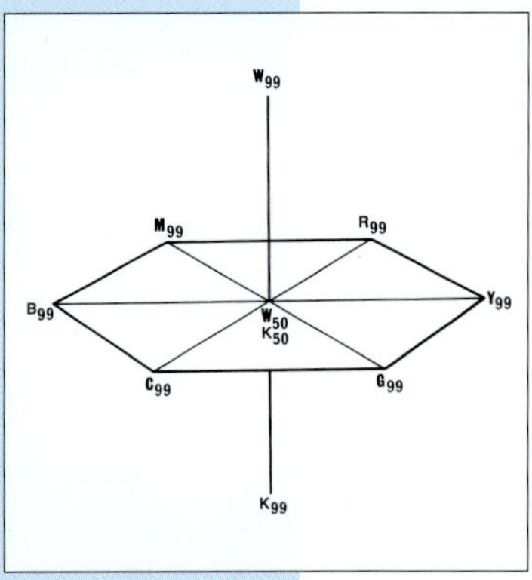

Wenn wir die Gesamtheit aller Farbnuancen darstellen wollen, müssen wir sämtliche Buntarten mit sämtlichen Unbuntarten systematisch ausmischen. Das führt zu einem dreidimensionalen geometrischen Ordnungssystem.

Sechsecke gleicher Unbuntart

Sechsecklinie und Gerade

Wir lassen durch den Mittelpunkt des Sechsecks der verschiedenen Buntarten in einem Winkel von 90° die Gerade der verschiedenen Unbuntarten hindurchlaufen. Nun verbinden wir jeden Punkt der Sechsecklinie mit jedem Punkt der Unbuntart-Geraden durch gerade Linien. Es entsteht ein dreidimensionales Gebilde, ein geometrischer Raum, ein ›Farbenkörper‹, nämlich die Sechskant-Doppelpyramide.

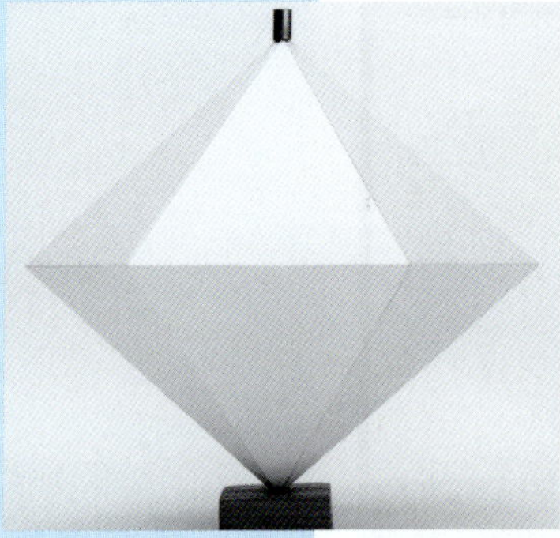

Sechskant-Doppel-pyramide

Die Sechskant-Doppelpyramide

In der Sechskant-Doppelpyramide herrscht eine ebenso klare symmetrische Teilmengenordnung, wie wir sie in dem buntartgleichen Dreieck und in dem unbuntartgleichen Sechseck kennenlernten. Jeder geometrische Punkt in diesem Farbenraum repräsentiert eine Farbnuance. Jeder Punkt ist in Bezug auf seine Grundfarben-Teilmengen präzise definiert.

Die sechs Integrierten Tetraeder der Doppelpyramide

Durch drei Schnitte, die gleichzeitig durch die Unbuntachse und durch zwei sich gegenüberliegende bunte Grundfarben-Ecken geführt werden, zerfällt die Sechskant-Doppelpyramide in sechs Teilstücke. Wir nennen sie ›Integrierte Tetraeder‹ (IntTe). Wir erleben hier, wie jedes dieser Teilstücke Autonomie besitzt und einer individuellen Gesetzmäßigkeit unterliegt. Nur gemeinsam repräsentieren die sechs IntTe den gesamten Farbenraum. Das funktioniert ähnlich wie das föderalistische System der Bundesrepublik Deutschland. Die einzelnen Bundesländer haben politische Selbständigkeiten, aber gemeinsam repräsentieren sie unser Land. Die sechs IntTe entsprechen den sechs Gruppen von Grundfarben, die wir durch das Gesetz der Integrierten Mischung bereits kennengelernt haben.

Die Mengenordnung im Integrierten Tetraeder

Das IntTe ist eine dreieckige unsymmetrische Pyramide. Es hat vier Ecken und vier dreieckige Außenseiten. An den vier Ecken sitzen vier Grundfarben, die einer Gruppe der IntMi entsprechen. Wir erinnern uns: eine Gruppe besteht aus den beiden unbunten Grundfarben W und K und aus zwei benachbarten bunten Grundfarben.

Betrachten wir das Tetraeder mit den Eckpunkten WYRK. Die Tetraeder-Kante WK ist die Unbuntkante.

Das ist die Gerade der verschiedenen Unbuntarten. Die Tetraeder-Kante YR ist die Buntkante. Es ist ein Teilstück des Sechsecks der verschiedenen Buntarten, nämlich dasjenige zwischen den bunten Grundfarben Y und R.

Jeweils zwei der dreieckigen Außenseiten sind kongruent (deckungsgleich), haben also die gleiche Form und Größe: Die beiden Dreiecke der ehemaligen Außenseiten sind kongruent. Und die beiden Schnittflächen, welche von dem Eckpunkt einer bunten Grundfarbe zur Unbuntachse verlaufen, sind kongruent.

Jeder geometrische Punkt in diesem IntTe repräsentiert eine Farbnuance, die aus den vier Grundfarben an den Ecken gemischt werden kann. Entsprechend dem Gesetz der Integrierten Mischung besteht jede Farbnuance prinzipiell aus deren vier Teilmengen.

Die vier dreieckigen Außenflächen eines IntTe werden jetzt zu den Bezugsebenen für die gegenüberliegenden Grundfarben. Auf der Außenfläche selbst ist keine Teilmenge der gegenüberliegenden Grundfarbe vorhanden. Schnittebenen, die parallel zur Bezugsebene verlaufen, sind Mengenebenen für diese Grundfarbe. Der senkrechte Abstand einer Schnittebene zur Bezugsebene gibt den Mengenwert für die gegenüberliegende Grundfarbe an. Beim größtmöglichen Abstand liegt auf der parallelen Mengenebene nur noch ein Punkt, nämlich diese Grundfarbe selbst. Jeder Punkt im Innern des IntTe liegt im Schnittpunkt seiner vier Mengenebenen, durch welche die Grundfarben-Teilmengen bestimmt sind, aus denen die betreffende Farbnuance zusammengesetzt ist.

Aus sechs Tetraedern setzt sich die Sechskant-Doppelpyramide zusammen.

Die Merkmalordnung im IntTe

Die Schnittebene, die von einem Punkt der Buntkante zur Unbuntkante verläuft, ist ein buntartgleiches Dreieck. Das ist die Buntart-Ordnung. Die Schnittebene, die von einem Punkt der Unbuntkante des IntTe zur Buntkante verläuft, ist ein Dreieck gleicher Unbuntart. Das ist die Unbuntart-Ordnung. Auf einer Schnittebene, die gleichzeitig parallel zur Buntkante und zur Unbuntkante durch das IntTe geführt wird, liegen Farbnuancen mit gleichem Buntgrad bzw. Unbuntgrad. Diese rechteckigen Schnittebenen repräsentieren die Buntgrad- bzw. Unbuntgrad-Ordnung. Schnittebenen, auf denen Farbnuancen gleicher Helligkeit liegen, laufen unsymmetrisch durch das IntTe.

Jeder geometrische Punkt in diesem Farbenraum, der eine Farbnuance repräsentiert, liegt also gleichzeitig auch im Schnittpunkt seiner vier Merkmalschnittebenen. Dadurch sind für diesen Punkt seine vier ästhetischen Unterscheidungsmerkmale definiert.

Das Einstiegsmodell

Die Sechskant-Doppelpyramide ist die einfachste dreidimensionale Ordnung, die sich aus den gegebenen Voraussetzungen ableiten lässt. Sie ergibt sich folgerichtig aus dem Zusammenwirken des Sechsecks der verschiedenen Buntarten und der Geraden der verschiedenen Unbuntarten.

Dieses Farbenraummodell ist speziell geeignet für solche Menschen, die eigentlich an Farbentheorie wenig oder gar kein Interesse haben, die rein praktisch orientiert sind. Und nicht jeder kann sich in komplizierte dreidimensionale Zusammenhänge hineindenken. Die Sechskant-Doppelpyramide wird, so meine ich, besonders Künstler, Kunstpädagogen und Farbgestalter ansprechen. Ihr Vorteil besteht darin, dass sie sehr leicht zu verstehen ist und die Beziehungen der Farben zueinander auf einfachste Weise erkennbar werden. Besonders für diejenigen, die nur mit Malfarben oder anderen deckenden Farbmitteln umzugehen haben, reicht diese dreidimensionale geometrische Farbenordnung aus. Denn sie erklärt auf elegante und überzeugende Weise das Gesetz der Integrierten Farbmischung. Allerdings nur dieses. Die Sechskant-Doppelpyramide ist also gewissermaßen ein Einstiegsmodell.

Das Rhomboeder-System

Das Rhomboeder ist der ›ideale Farbenraum‹ schlechthin. Es erklärt sowohl die Gesetzmäßigkeit, nach der das Sehorgan arbeitet, als auch die verschiedenen Farbmischgesetze. Es erklärt die Additive und die Subtraktive Mischung, die Integrierte Mischung, die Weiß-, die Bunt- und die Schwarzmischung und die Graumischung.

Das Rhomboeder ist ein Vektormodell. Die drei Empfindungskräfte des Sehorgans, also die drei Urfarben, sind zu Vektoren geworden. Der Farbenraum baut sich strikt nach dem Gesetz vom Parallelogramm der Kräfte auf. Die drei Vektoren sind mit Raumwinkeln von 60° an den Nullpunkt, an die schwarze Spitze K, angesetzt. Der eine Vektor r läuft von K nach R, der zweite g von K nach G und der dritte b von K nach B.

Die gemeinsame Kraft, die sich durch Zusammenwirken von Einzelkräften ergibt, nennt man ›Resultierende‹. Die Resultierende aus r und g ist y, diejenige aus g und b ist c und diejenige aus b und r ist m. Schließlich führt w als Resultierende aus allen drei Vektoren rgb zur unbunten Grundfarbe W.

Jeder Punkt in diesem Farbenraum repräsentiert eine mögliche Farbempfindung. Die Lage eines Punktes ist präzise vorgegeben durch seine drei Urfarben-Potenziale. Durch diese Potenziale erhält jede Farbnuance entsprechend dem Gesetz vom Parallelogramm der Kräfte ihren Platz zugewiesen. Wie wir wissen, lassen sich die Urfarben-Potenziale durch das Urfarben-Kennzahlen-System bezeichnen. Dadurch entspricht die Lage eines Punktes im Farbenraum exakt der Urfarben-Kennzahl

Schematische Darstellung des Rhomboeder-Systems

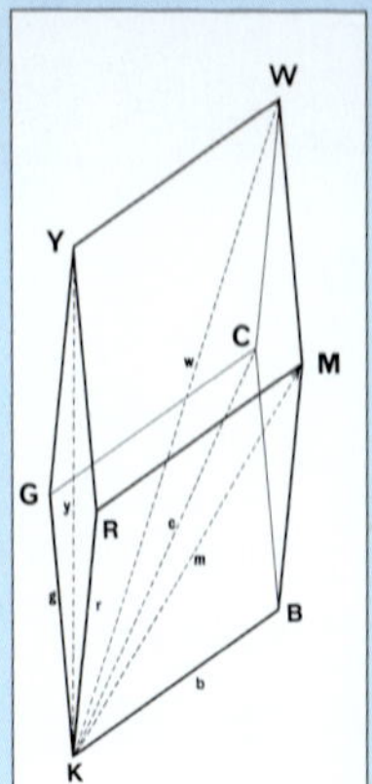

der betreffenden Farbnuance. Mit anderen Worten: Jede einzelne von einer Million Farbnuancen erhält durch ihre Urfarben-Kennzahl präzise ihren Platz im Rhomboeder-System.

Die Graubedingungen im Rhomboeder

In der Abbildung S. 127 wird links gezeigt, dass die acht Grundfarben an den acht Rhomboederecken ihren Platz haben. Rechts daneben sieht man, wie sich die Farbnuancen auf den Außenseiten des Rhomboeders zu Unbunt verwischen, wenn der Farbenkörper in schnelle Rotation versetzt wird.

Der Rhomboeder-Farbenkörper

Die Abbildung auf S. 128 zeigt in Stufen, wie die Farbnuancen im Rhomboeder angeordnet sind. Dieser Farbenkörper hat sechs rhombenförmige Außenflächen, bei denen die kurze Diagonale die Länge einer Rhomboederkante hat. Man sieht rechts im Bild den Farbenraum gegenüber dem linken um 180° gedreht.

Die Additive Mischung im Rhomboeder

Das Gesetz, nach dem das Sehorgan arbeitet, und das Gesetz der Additiven Mischung funktionieren analog. Was im Sehorgan die drei Empfindungskräfte, also die Urfarben RGB sind, sind in der AddMi die drei Additiven Grundfarben RGB. Was im Sehorgan das nicht in Anspruch genommene Empfindungspotenzial ist, das zur Farbempfindung Schwarz führt, ist bei der AddMi die Dunkelheit im Raum bzw. im Fernsehkasten und damit die Basisfarbe Schwarz.

Nun betrachten wir die Abbildung, in der man das Rhomboeder von beiden Seiten sieht (S. 128). Auf der linken Seite der Abbildung schauen wir auf die Außenfläche mit den Eckfarben KBCG. Hier finden wir die systematische Ordnung sämtlicher Mischmöglichkeiten, die sich aus den Additiven Grundfarben B und G ergeben. Nicht in Anspruch genommene Empfindungspo-

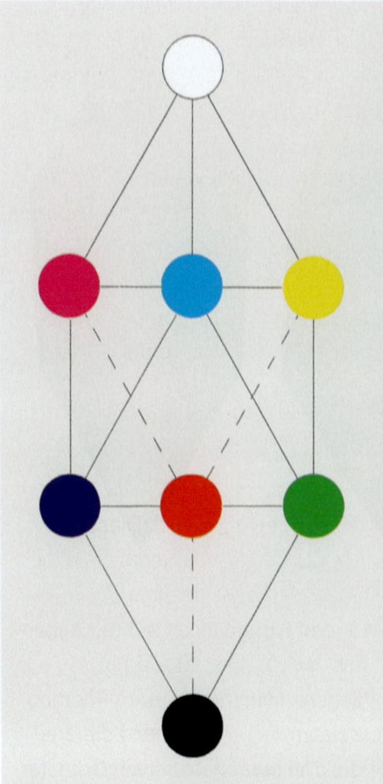

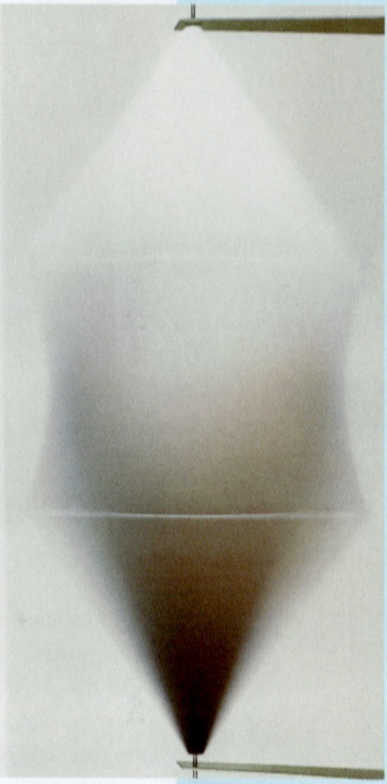

Graubedingungen im Rhomboeder

tenziale werden durch die Basisfarbe K ausgefüllt. Keine Farbnuance auf dieser Fläche besitzt Teilmengen der Additiven Grundfarben R. Diese Außenfläche KBCG ist die Bezugsebene für die Additive Grundfarbe R. Je weiter eine parallele Schnittebene von dieser Bezugsebene entfernt ist, desto größer ist der Mengenwert von R. In der größtmöglichen Entfernung haben wir die gegenüberliegende Außenfläche mit den Eckfarben RYWM, auf die wir rechts in der Abbildung blicken. Hier ist die Additive Grundfarbe R in allen Farbnuancen voll vertreten. Wir erkennen den dreidimensionalen Verlauf der Additiven Grundfarbe R durch das Rhomboeder. Dieser Verlauf geht vom Nichtvorhandensein in den Farbnuancen auf der Außenfläche links bis zu ihrem vol-

Die Anordnung der Farbnuancen im Rhomboeder

len Vorhandensein in den Farbnuancen auf der Außenfläche rechts.

Die drei Außenflächen, die in der unteren Rhomboederspitze Schwarz zusammentreffen, sind die drei Bezugsebenen für die drei bunten Additiven Grundfarben RGB. Auf der Außenfläche KGYR gibt es keine Mengenwerte der Additiven Grundfarbe B. Sie ist damit die Bezugsebene für die Additive Grundfarbe B. Der dreidimensionale Verlauf der Additiven Grundfarbe B durchdringt das Rhomboeder bis zur gegenüberliegenden Außenseite CBMW, auf der in jeder Farbnuance die Additive Grundfarbe B voll vertreten ist.

Und entsprechend durchdringt die Additive Grundfarbe G das Rhomboeder, ausgehend von der Außenfläche KRMB, welche die Bezugsebene für die Additive Grundfarbe G ist, bis zur Außenfläche GCWY, auf der in jeder Farbnuance die Additive Grundfarbe G voll vorhanden ist.

Das hört sich alles ziemlich kompliziert an, ist es aber nicht. Denn die drei Additiven Grundfarben sind die drei Vektoren, die von K ausgehen. Jede Außenfläche, die K berührt, ist die Bezugesebene für eine Additive Grundfarbe. Auf jeder dieser Bezugesebenen finden wir die systematische Ordnung der Mischmöglichkeiten von zwei Additiven Grundfarben. Die jeweils dritte kommt als dritte Dimension dazu. Wobei der Mengenwert der dritten Additiven Grundfarbe jeweils dem Abstand der betreffenden Farbnuance von ihrer Bezugsebene entspricht. Also ist in der AddMi jeder Punkt im Rhomboeder-Farbenraum, der eine Farbnuance repräsentiert, definiert durch die senkrechten Abstände zu den drei Bezugsebenen.

Die Subtraktive Mischung im Rhomboeder
Im Rhomboeder verhält sich die Subtraktive Mischung zur Additiven reziprok. Jetzt sind die drei Außenflächen, die in der oberen Rhomboederspitze W zusammentreffen, die drei Bezugsebenen für die drei Subtraktiven Grundfarben YMC. Die vordere Außenfläche WMRY (rechts in der Abbildung) ist jetzt die Bezugsebene für die Subtraktive Grundfarbe C. In den Farbnuancen auf dieser Ebene gibt es von C keinen Mengenwert, auch nicht in den Eckfarben WMRY. Je größer der senkrechte Abstand einer Schnittebene zu dieser Bezugsebene ist, desto größer ist der Mengenwert der Subtraktiven Grundfarbe C für alle auf ihr liegenden Farbnuancen. Den größtmöglichen Abstand hat die gegenüberliegende Außenfläche mit den Eckfarben KBCG (vorne links in der Abbildung), auf der in jeder Farbnuance bei der Subtraktiven Mischung C voll vertreten ist.

Analog ist es mit der Subtraktiven Grundfarbe M, für welche die Außenfläche WCGY die Bezugesebene ist. In dieser Bezugsebene ist bei der SubMi kein Mengenwert der Subtraktiven Grundfarbe M enthalten. Die Subtraktive Grundfarbe M durchdringt den Farbenkörper mit steigenden Mengenwerten. In der gegenüberliegenden Außenfläche ist M in jeder Farbnuance voll vertreten, so auch in den Eckfarben MBKR.

Und ebenso analog ist es mit der Subtraktiven Grundfarbe Y. Ihre Bezugsebene ist die Außenfläche WCBM. Hier haben die Farbnuancen keinen Mengenwert der Subtraktiven Grundfarbe Y. Je größer der senkrechte Abstand zu dieser Bezugsebene ist, desto größer ist der Mengenwert für die Subtraktive Grundfarbe Y. Auf der gegenüberliegenden Außenfläche ist in allen Farbnuancen die Subtraktive Grundfarbe Y voll vertreten, so auch in den Eckfarben YGKR.

Auch das ist nicht so kompliziert, wie es sich anhört. Leider habe ich keine Möglichkeit gefunden, es einfacher darzustellen. Aber es ist im Prinzip einfach. Denn nun sind YMC die Vektoren, die von W ausgehen. Nun sind die Außenflächen, die sich in W berühren, die Bezugesebenen. Auf jeder dieser Bezugsebenen sind die Mischmöglichkeiten von jeweils zwei Subtraktiven Grundfarben dargestellt. Die dritte Subtraktive Grundfarbe kommt als dritte Dimension hinzu. Auch hier wird der Mengenwert für jede Farbnuance durch die drei senkrechten Abstände zu ihren Bezugesebenen bestimmt.

Die Integrierte Mischung im Rhomboeder

Hier wird noch einmal daran erinnert, dass sich das Gesetz der Integrierten Mischung (IntMi) auf deckende Farbmittel bezieht, also z. B. auf Künstlerölfarben, Gouachefarben (Tempera) und auf Lackfarben. Und es wird daran erinnert, dass es beim Arbeiten mit deckenden Farbmitteln immer nur eine einzige deckende Farbschicht gibt, wobei die Farbe des Untergrundes beliebig sein kann, denn sie kann ja nicht mitwirken. Bei der IntMi gibt es deshalb auch keine Basisfarbe, welche die Differenzwerte ausfüllt. Und es können auch nicht, wie bei der AddMi und der SubMi, durch Zusammenwirken der Primärfarben neue Grundfarben als Sekundärfarben entstehen. Aus diesem Grunde werden alle acht Grundfarben als Primärfarben benötigt. Das Mischprinzip, das der IntMi zugrunde liegt, heißt Mengenaus-

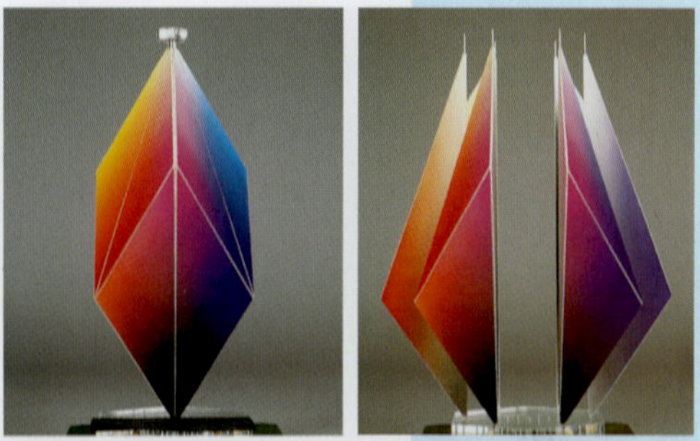

Integrierte Mischung im Rhomboeder

tausch. Denn immer haben wir es mit der mathematischen Menge 1, also mit 100 Prozent, mit dieser einen deckenden Farbschicht zu tun.

Ebenso, wie wir es bei der Sechskant-Doppelpyramide gesehen haben, zerfällt das Rhomboeder durch drei Schnitte, die gleichzeitig durch die Unbuntachse und durch zwei sich gegenüber liegende bunte Grundfarben geführt werden, in sechs ›Integrierte Tetraeder‹ (IntTe). Diese sechs IntTe entsprechen den sechs Gruppen von Grundfarben, die wir bereits kennen. Gewissermaßen nach einer föderalistischen Ordnung überdecken und beherrschen sie nur gemeinsam den gesamten Farbenraum.

Die sechs IntTe des Rhomboeders

Die sechs IntTe des Rhomboeders sind unsymmetrische Teilstücke des Farbenraumes. Die jeweils zwei gleichseitigen Dreiecke, die durch das Zerschneiden der ehemaligen Rhomboeder-Außenflächen entstanden, sind in der Abbildung (oben links) auf den Vorderseiten zu sehen. Nicht zu sehen sind die Buntart-Schnittflächen, die von einer Eckfarbe zur Unbuntachse verlaufen.

An den vier Ecken eines IntTe sitzen vier Grundfarben, und zwar die unbunten Grundfarben W und K einerseits und zwei benachbarte bunte Grundfarben andererseits. Jedes IntTe repräsentiert damit eine der sechs Grundfarbengruppen der IntMi. In einem solchen IntTe sind sämtliche Farbnuancen, die aus den vier Grundfarben an den Ecken durch Mischung entstehen können, logisch und systematisch angeordnet.

Jeder geometrische Punkt in einem solchen Teilfarbenraum liegt im Schnittpunkt seiner vier Mengen-

Die sechs Integrierten Tetraeder (IntTe)

ebenen. Die Außenflächen sind die Bezugsebenen für die jeweils gegenüberliegende Grundfarbe. Durch die senkrechten Abstände zu ihren vier Bezugsebenen sind für jede Farbnuance die Grundfarbenmengenwerte bestimmt, aus denen sie zusammengesetzt ist.

Gleichzeitig liegt jede Farbnuance im Schnittpunkt ihrer vier Merkmalsebenen. Ein Dreieck gleicher Buntart entsteht durch den Schnitt, der von einem Punkt der Buntkante zur Unbuntkante geführt wird. Farbnuancen mit gleicher Unbuntart finden wir auf dem Dreieck, das durch den Schnitt von einem Punkt der Unbuntkante zur Buntkante entsteht. Buntgrad bzw. Unbuntgradebenen sind Schnitte, die gleichzeitig parallel zur Buntkante und zur Unbuntkante durch das Tetraeder verlaufen. Die Helligkeitsebenen liegen unsymmetrisch im Tetraeder.

Hier wird wieder erkennbar, dass im Rhomboeder eine strikte, eine knallharte quantitative Ordnung nach Grundfarben-Teilmengen herrscht. Der quantitativen

Ordnung ist die qualitative Ordnung systematisch überlagert. Das ist die Ordnung nach ästhetischen Unterscheidungsmerkmalen. Diese Qualitätsordnung ergibt sich zwangsläufig durch die Mengenbeziehungen der Grundfarben-Teilmengen in jeder Farbnuance.

Weiß-, Bunt- und Schwarzmischung im Rhomboeder

Durch zwei horizontale Schnitte, die einerseits durch die Grundfarben YMC und andererseits durch die Grundfarben RGB gehen, zerfällt der Farbenraum des Rhomboeders in drei Teilfarbenräume, nämlich in zwei Tetraeder und ein Oktaeder (Abb. S. 128 u. 134).

Offenbar haben wir es hier mit einer einzigartigen geometrischen Besonderheit zu tun. Denn aus dem absolut symmetrischen Rhomboeder entstehen durch diese beiden Schnitte drei neue absolut symmetrische geometrische Körper. Die Außenflächen der beiden Tetraeder sind jeweils vier gleichseitige Dreiecke. Die Außenflächen des Oktaeders sind acht gleichseitige Dreiecke. Sämtliche Kanten der drei neuen Teilfarbenräume sind gleich lang.

Die drei neuen Farbenkörper

Das Tetraeder mit der weißen Spitze nennen wir ›Weiß-Tetraeder‹. Denn es repräsentiert das Gesetz der Weißmischung, das sich auf deckende Farbmittel bezieht. An den vier Ecken sitzen die Grundfarben WYMC. Jeder geometrische Punkt in diesem Tetraeder repräsentiert eine Farbnuance, die aus diesen vier Grundfarben mit deckenden Farbmitteln gemischt werden kann. Jede Außenfläche ist die Bezugsebene für die gegenüberliegende Grundfarbe. Durch die Abstände zu ihren vier Bezugsebenen werden die Teilmengen definiert, aus denen eine Farbnuance zusammengesetzt ist.

Das ›Bunt-Oktaeder‹ repräsentiert das Gesetz der Buntmischung. Hier sind alle Farbnuancen systematisch angeordnet, die man mischen kann, wenn man nur die deckenden sechs bunten Grundfarben zur Ver-

Das Weiß-Tetraeder (oben), das Bunt-Oktaeder (Mitte) und das Schwarz-Tetraeder (unten)

fügung hat. Hier ist also das Prinzip der Buntausmischung in reinster Form realisiert. In diesem Teilfarbenraum können Unbuntwerte auf die verschiedenste Weise entstehen. Einerseits können sich Gegenfarbenpaare YB oder MG oder CR gegenseitig zu Unbunt auslöschen. Andererseits können die Dreiergruppen YMC und RGB Unbuntwerte erzeugen. Dadurch sind die Mischmöglichkeiten im Oktaeder vielschichtig. Sie können hier nicht ausführlich erklärt werden. Wer sich dafür speziell interessiert, kann es in meinem Buch *Die Logik der Farbe* nachlesen.

Das Tetraeder mit der schwarzen Spitze nennen wir ›Schwarz-Tetraeder‹. Es repräsentiert das Gesetz der Schwarzmischung. In diesem Teilfarbenraum sind alle Farbnuancen systematisch angeordnet, die man aus den deckenden Farbmitteln RGBK mischen kann. Auch hier sind die vier Außenflächen die Bezugsebenen für die gegenüberliegenden Grundfarben. Auch hier werden durch die Abstände zu ihren vier Bezugsebenen die Teilmengen definiert, aus denen eine Farbnuance gemischt werden kann.

Weiß-Tetraeder, Bunt-Oktaeder und Schwarz-Tetraeder können den gesamten Farbenraum nur gemeinsam überdecken. Auch hier wieder begegnen wir einem föderalistischen Prinzip. Jeder Teilfarbenraum unterliegt seiner eigenen Gesetzmäßigkeit. Aber nur gemeinsam beherrschen sie den gesamten Farbenraum.

Die Helligkeit im Rhomboeder

Im Rhomboeder und in allen seinen Teilfarbenräumen herrscht eine ganz klare, symmetrische Ordnung nach Grundfarben-Teilmengen. Dieser quantitativen Ordnung ist die Ordnung nach den ästhetischen Unterscheidungsmerkmalen, also die Qualitätsordnung, ebenso klar und eindeutig überlagert. Aber das gilt nur für die Merkmale Buntart, Unbuntart und Buntgrad bzw. Unbuntgrad. Das gilt nicht für die Helligkeit. Die Helligkeit hat im Rhomboeder eine Außenseiterrolle. Sie ist gewissermaßen der Clown in der Manege.

Die Abbildung zeigt, wie man sich im Rhomboeder ein Flächengebilde vorzustellen hat, auf dem Farbnuancen gleicher Helligkeit liegen. Es ist zusammengesetzt aus sechs Teilflächen. Das sind die Helligkeitsebenen aus den sechs Integrierten Tetraedern. Denn in jedem IntTe liegen Farbnuancen gleicher Helligkeit auf Schnittebenen verschiedener Form, Größe und Lage.

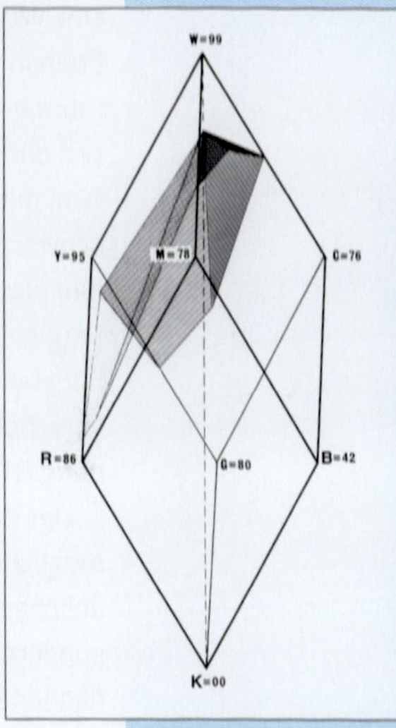

Flächengebilde gleicher Helligkeit im Rhomboeder-Modell

Empfindungsgemäße Gleichabständigkeit

Eine strikte Mengenordnung und eine Ordnung nach empfindungsgemäßer Gleichabständigkeit schließen sich gegenseitig aus. Man kann in einem Ordnungssystem der Farben nur entweder das eine oder das andere haben.

Wollte man aus dem Rhomboeder eine Ordnung der Farbnuancen mit empfindungsgemäßer Gleichabständigkeit machen, müsste man die Lage der bunten Grundfarben entsprechend ihrer Helligkeit verändern. Jede bunte Grundfarbe müsste auf das horizontale Niveau der als gleich hell empfundenen Unbuntstufe gebracht werden. Und der Abstand der Grundfarbe zur Unbuntachse müsste ebenfalls entsprechend ihrer Helligkeit variiert werden. Denn zwischen der hellen Grundfarbe Gelb und der Unbuntachse gibt es natürlich weniger gleichabständige Zwischenstufen als zwischen der dunkleren Grundfarbe Violettblau und der Unbuntachse.

Empfindungsgemäße Gleichabständigkeit

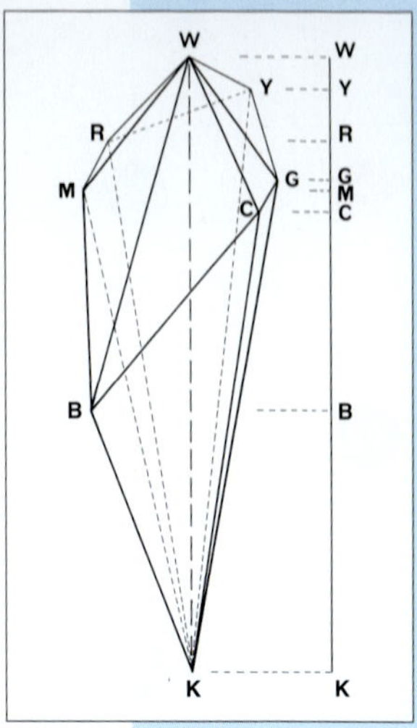

Der Würfel-Farbenraum

Ebenso wie das Rhomboeder ist der Würfel-Farbenraum ein Vektormodell. Der Unterschied besteht lediglich darin, dass die drei Vektoren, also die drei Urfarben, mit Raumwinkeln von 90° an den Nullpunkt, an die schwarze Würfelecke, angesetzt sind. Hierdurch entstehen die rechtwinkligen Verhältnisse im Farbenraum. Im Vergleich zur Ordnung im Rhomboeder sind die Beziehungen der Farbnuancen zueinander im Würfel lediglich verschoben. Die Logik und die Systematik der Anordnung ist prinzipiell gleich geblieben.

Der Würfel eignet sich besonders dazu, die Mischmöglichkeiten eines trichromatischen Systems zu veranschaulichen. Denn nicht nur die Außenflächen, sondern alle Schnittebenen, die parallel zu den Außenflächen geführt werden, sind Quadrate. Durch diese Tatsache ist es technisch leicht möglich, den Inhalt des Farbenraumes in systematischen Farbtabellen darzustellen und daraus einen Farbenatlas anzufertigen, wie das bei meinem Buch *DuMont's Farbenatlas* geschehen ist.

Der Würfel-Farbenraum

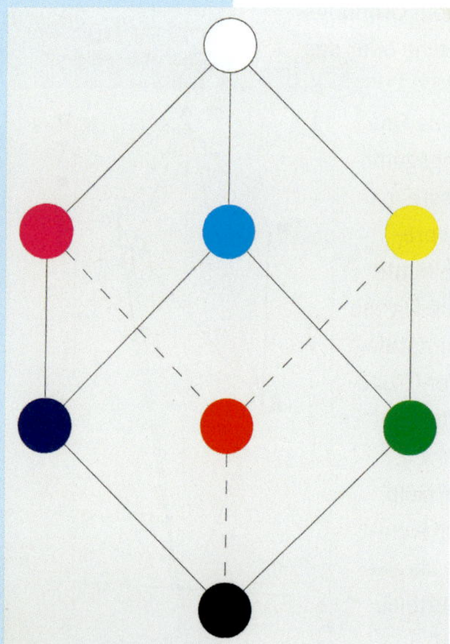

Y, M und C durchdringen den Würfel-Farbenraum

Auch im Würfel entspricht jeder geometrische Punkt im Farbenraum einer Farbnuance. Wenn man die Subtraktiven Grundfarben Y, M und C zu Vektoren macht, die an die weiße Würfelecke angesetzt sind, ergibt sich die Zusammensetzung einer Farbnuance durch die Abstände ihres geometrischen Punktes zu den drei Bezugsebenen.

In der Abbildung sehen wir in A, wie die Subtraktive Grundfarbe C den Würfel-Farbenraum von der

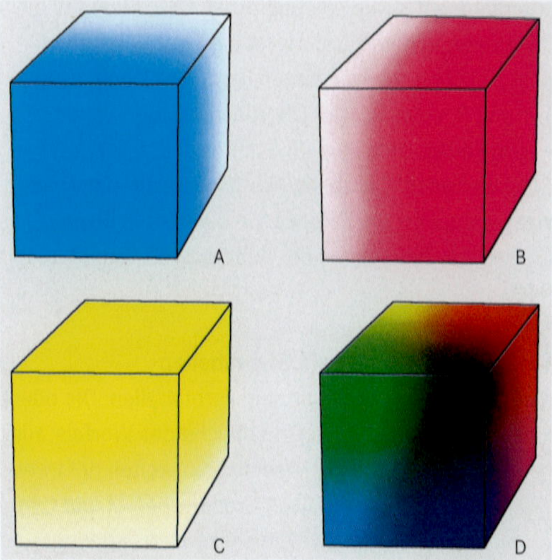

Die subtraktiven Grundfarben durchdringen den Würfel-Farbenraum.

Rückseite zur Vorderseite verlaufend durchdringt. Die Rückseite ist die Bezugsebene für C. Je größer der parallele Abstand einer Schnittebene zur Bezugsebene ist, desto größer ist der Mengenwert von C in allen auf ihr angeordneten Farbnuancen. Beim größtmöglichen Abstand, nämlich auf der Vorderseite des Würfels, ist C in allen Farbnuancen voll vertreten.

Das Analoge gilt für die Subtraktive Grundfarbe M in der Abbildung B. Jetzt ist die linke Außenfläche die Bezugsebene. Jetzt durchdringt M den Würfel verlaufend bis zur gegenüberliegenden rechten Außenfläche. Auf der linken Außenfläche gibt es keine Teilmengen von M. Auf der rechten ist M in allen Farbnuancen voll vertreten.

Und ebenso für die Subtraktive Grundfarbe Y, in der Abbildung C, die den Farbenraum von der Grundfläche zur Oberseite verlaufend durchdringt. Die Grundfläche ist die Bezugsebene, in der keine Teilmengen von Y in den Farbnuancen vorkommen. Auf der Oberseite ist Y in allen Farbnuancen voll vorhanden.

Die Darstellung in D zeigt das Zusammenwirken der drei Subtraktiven Grundfarben YMC im Würfel. Auf der

Grundfläche bilden die Grundfarben C, B, M und W die Eckpunkte. In der Abbildung ist die Ecke W natürlich nicht zu sehen, weil sie hinten liegt. Die Grundfarben K, G, Y und R sitzen auf der Oberfläche an den Ecken.

Jede Farbnuance liegt im Schnittpunkt ihrer drei Mengenebenen. Durch die Abstände zu ihren drei Bezugesebenen ist die Farbnuance definiert in Bezug auf ihre drei Teilmengen der Subtraktiven Grundfarben YMC.

Würfelschnittflächen als Farbtabellen

In der Abbildung sehen wir zwei Farbtabellen. Die obere zeigt die Grundfläche des Würfels. Hier sind die Mischmöglichkeiten der zwei Subtraktiven Grundfarben M und C in einer zweidimensionalen Ordnungsstruktur systematisch angeordnet. Die Tabelle hat die Eckpunkte der Grundfarben WMBC.

Würfelschnittflächen als Farbtabellen

Als dritte Dimension kommt nun vertikal die Subtraktive Grundfarbe Y hinzu. Für Y ist diese Grundfläche die Bezugsebene. Je größer der parallele Abstand zur Grundfläche, desto größer ist der Mengenwert von Y in jeder auf ihr liegenden Farbnuance. Der größtmögliche Abstand ist in der Oberfläche des Würfels gegeben. Hier besitzt jede Farbnuance den vollen Wert von Y. Diese Oberfläche ist in der unteren Farbtabelle gezeigt. Die Oberfläche des Würfels hat die Grundfarbeneckpunkte YRKG.

Das Modell des Würfel-Farbenraumes

Um die Ordnungsstruktur der Farbenvielfalt im Würfel-Farbenraum zu veranschaulichen und zu verstehen, kann man sich ein Farbenraum-Modell herstellen. Das kann Lernenden helfen, die dreidimensionalen Beziehungen der Farben zueinander durch Anschauung zu erkennen. Die Farbtabellen zeigen das Beispiel des dreifarbigen Offsetdrucks. Durch Zusammenwirken der drei transparenten Schichten der Druckfarben YMC entstehen sämtliche Farbnuancen, wobei die Differenzwerte durch die unbunte Grundfarbe W ausgefüllt werden. Sie ist hier in Gestalt der weißen Papieroberfläche vertreten. So wird dem Betrachter überzeugend vor Augen geführt, wie durch die vier Primärfarben YMCW in der Subtraktiven Mischung durch Zusammenwirken die anderen vier Grundfarben RGBK hervorgebracht werden.

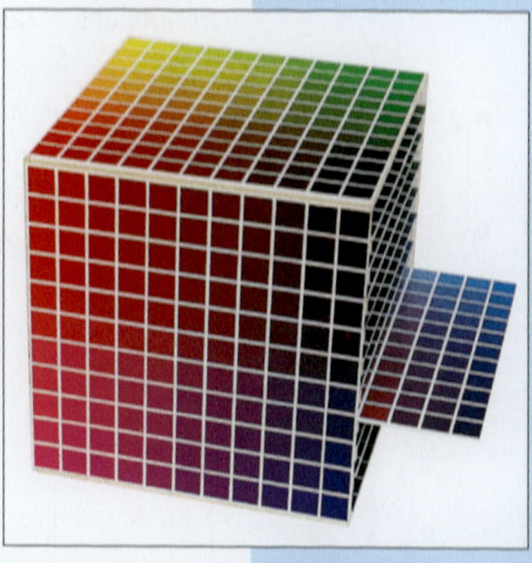

Modell des Würfel-Farbenraumes

Um dieses Würfel-Farbenraummodell herzustellen, benötigt man die systematischen Farbtabellen aus meinem Buch *DuMont's Farbenatlas*. Man kann sich aus Karton einen Würfelkörper in entsprechender Größe herstellen und mit den betreffenden Farbtabellen bekleben. Eine Würfelseite bleibt offen. Die Schnittebenen werden ebenfalls auf Karton aufgeklebt und dann wie Schubladen in das Gehäuse eingeschoben. Eine ausführliche Anleitung zur Herstellung dieses Farbenraummodells findet man ebenfalls in *DuMont's Farbenatlas.*

Die geometrische Transformation

Wir haben die wichtigen geometrischen Ordnungssysteme kennengelernt: das Sechseck der verschiedenen Buntarten, den Würfel, das Rhomboeder und die Gerade der verschiedenen Unbuntarten. In der Abbildung (S. 140) wird erklärt, wie diese vier Ordnungssysteme Stationen einer geometrischen Transformation

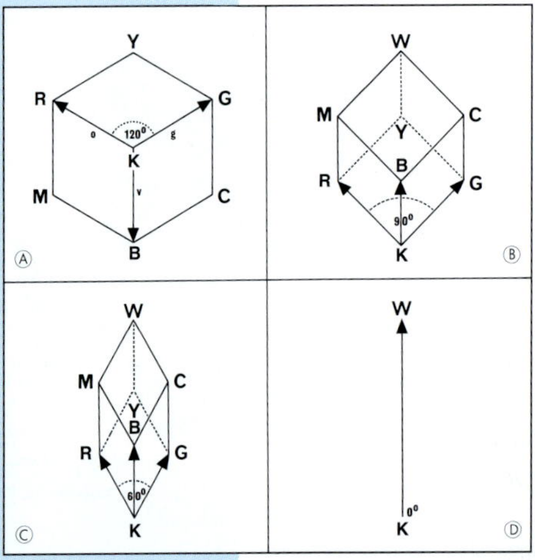

Die geometrische Transformation

sind. Die Systeme unterscheiden sich nämlich ausschließlich durch die Winkelstellung, mit der die drei Vektoren der Empfindungskräfte, also die drei Urfarben, an den Nullpunkt, an den Ausgangspunkt Schwarz, angesetzt sind.

Links oben sehen wir in A, dass bei einem Winkel von 120° die drei Vektoren auf der gleichen Ebene liegen. Die Dimension Unbunt ist hier zu einem Punkt zusammengeschmolzen. Dieser Unbuntpunkt liegt im Mittelpunkt der Sechseckfläche. Wir haben es hier also mit der zweidimensionalen systematischen Darstellung der Buntverteilung zu tun. Wir erinnern uns daran, dass wir die Buntverteilung auf der Sechseckfläche bereits in einem Zahlenbild kennengelernt haben. Der Außenrand dieser Sechseckfläche ist das Sechseck der verschiedenen Buntarten. Sobald die Vektoren an den Schwarzpunkt mit Winkeln angesetzt werden, die geringer sind als 120°, entsteht ein geometrischer Raum, ein so genanntes Parallelepiped, und damit eine vertikale Dimension. Die vertikale Achse dieses Raumes ist die Unbuntachse. Parallelepipede sind dreidimensionale geometrische Gebilde, die sechs Außenflächen haben, von denen sich jeweils zwei parallel gegenüber liegen. Es gibt Parallelepipede in jeder Winkelstellung zwischen 120° und 0°. Aber interessant für die Farbenlehre sind nur die Parallelepipede mit den Winkelstellungen von 90° und von 60°.

Wir sehen in der Abbildung B, dass bei einer Winkelstellung von 90° der Würfel-Farbenraum entsteht. In diesem Farbenkörper gibt es vier gleichlange Diagonalen zwischen sich gegenüberliegenden Grundfarben an den Ecken. Die Unbuntachse ist eben so lang wie die drei Buntachsen.

Anders beim Rhomboeder in der Abbildung C. Bei der Winkelstellung von 60° ist die Unbuntachse wesentlich länger als die drei Buntachsen. Nun schneiden sich im Körpermittelpunkt die drei Buntachsen mit Raumwinkeln von 90° zueinander. Diese Winkelstellung von 60° ist offenbar für die Farbenlehre das, was der richtige Zahlencode für das Öffnen einer Safetüre ist. Man kann den Farbenraum jetzt auf vielfältige Weise ›auseinandernehmen‹, um immer wieder neue Gesetzmäßigkeiten zu entdecken. Der Leser, den das speziell interessiert, kann es in meinem Buch *Die Logik der Farbe* nachlesen.

Schließlich fallen bei einer Winkelstellung von Null Grad (Abb. D) die drei Vektoren auf einer geometrischen Linie zusammen. Sie werden gleichgeschaltet. Die Urfarben löschen gegenseitig ihr Buntsein völlig aus. So entsteht die Gerade der verschiedenen Unbuntarten.

Das CIELab-System

In der Internationalen Beleuchtungskommission (Commission Internationale d' Éclairage) haben sich Lichttechniker, Physiker und Farbmetriker auf das CIELab-System geeinigt, das heute weit verbreitet ist und international zur Grundlage für digitale Datentechnik in der Farbanwendung wurde. Es gibt davon die Varianten CIE-L*a*b* und CIE-L*u*v*. Grundlage für dieses Ordnungssystem ist die so genannte Gegenfarbentheorie.

Die Farbmetrik definiert durch Messung der Intensitäten den Farbreiz und errechnet aus den Messwerten die Größen L, a und b. Dabei ist L die Helligkeit, a die Dimension Gelb-Blau und b die Dimension Rot-Grün. Dieses Ordnungssystem basiert auf der Hypo-

Der CIELab-Farbenraum und die Abstufung der Farbtöne im CIELab-Farbenkreis

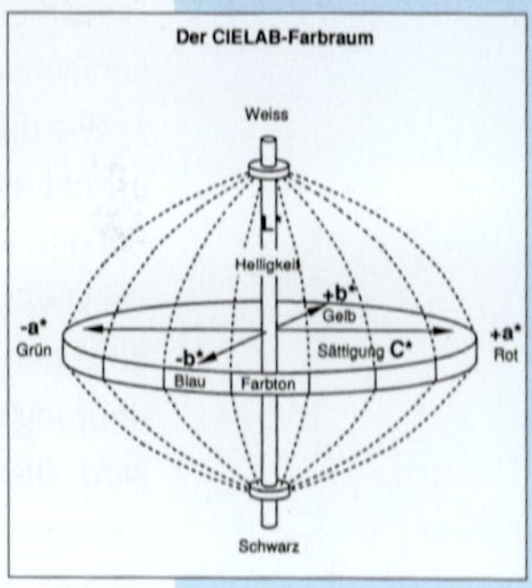

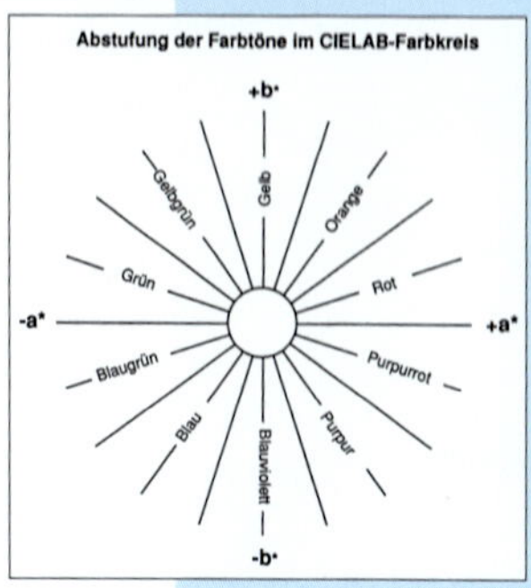

these von Hering, die von den ›vier psychologischen Grundfarben‹ Gelb, Rot, Blau und Grün ausgeht. Diese Hypothese, die auch heute wieder von Physiologen vertreten wird, postuliert, dass es zwar die drei Zapfentypen in der Netzhaut gibt, die auf kurzwellige, auf mittelwellige und auf langwellige Strahlung reagieren, dass aber in den nachgeschalteten Ganglienzellen die registrierten Werte umgerechnet werden. Und zwar in einen solchen für die Dimension Hell-Dunkel, also für Weiß-Schwarz, einen für die Dimension Gelb-Blau und einen für die Dimension Rot-Grün. Wie gesagt, die Grundlage für das CIELab-System ist eine Hypothese.

In diesem Ordnungssystem versucht man, empfindungsgemäße Gleichabständigkeit zwischen den Farbnuancen zu realisieren. Es ist gegliedert nach den orthodoxen Qualitätsmerkmalen Farbton (bei uns: Buntart), Sättigung (bei uns: Buntgrad) und Helligkeit. Im Prinzip entspricht diese Ordnung derjenigen des amerikanischen Malers Munsell (s. S. 55 ff.).

Wie die Buntarten um die Unbuntachse herum angeordnet sind, sieht man in der Abbildung S. 141 unten. Bei den verwendeten Farbnamen kann man nicht sicher sein, was exakt damit gemeint ist. Aber man erkennt, dass den bunten Grundfarben keinerlei besondere Bedeutung gegenüber gemischten Buntarten zugestanden wird. Die sechs bunten Grundfarben stehen gleichwertig mit anderen Buntarten im Farbenkreis. Offenbar ist hier mit Orange die Grundfarbe Orangerot (R) und mit Purpur die Grundfarbe Magentarot (M) gemeint. Was hier Blaugrün genannt wird, soll wohl die Grundfarbe Cyanblau (C) sein.

Der Farbenraum CIE-L*a*b*

Die Abbildung rechts veranschaulicht die Ordnungsstruktur, die diesem Gegenfarbensystem zugrunde liegt. Die vertikale Dimension ist die Helligkeit L*. Auf der horizontalen Ebene liegen die Dimensionen a* und b*. Das mittlere Grau liegt im Mittelpunkt des Systems.

Hier schneiden sich die drei Dimensionen mit Raumwinkeln von 90° zueinander. Rotwerte werden mit +a*, Grünwerte mit -a*, Gelbwerte mit +b* und Blauwerte mit -b* bezeichnet.

Um Farbe in der technischen Anwendung in den Griff zu bekommen, gibt es zur Farbmetrik keine Alternative. Denn Empfindungen kann man nicht messen. Also muss man sich auf den Farbreiz beziehen. Nur, wenn man einen Weg findet, feste Beziehungen zwischen dem Farbreiz und der resultierenden Farbempfindung herzustellen, bekommt man eine verlässliche physikalische Basis für technische Manipulationen.

Der Farbenraum CIE-L*a*b*

Aus den Messwerten der Intensitäten im Spektrum eines Farbreizes werden durch enormen mathematischen Rechenaufwand die Lab-Werte ermittelt. So gelingt es, eine ziemlich verlässliche Basis für die Technologien der visuellen Kommunikationsmedien zu schaffen. Denn die erstaunliche Qualität der Farbwiedergabe im Fernsehen, im Internet und in der Digitalfotografie beruht auf diesem System.

Die Ordnung in diesem Farbenraum ist nach den orthodoxen Merkmalen Farbton, Sättigung und Helligkeit gegliedert. Das ästhetische Unterscheidungsmerkmal Farbton (Buntart) ist durch die Lage des Buntartpunktes auf einem äußeren Farbenkreis definiert. Der Buntgrad (Sättigung) ergibt sich durch den senkrechten Abstand von der Unbuntachse. Die Helligkeit wird durch die Schnittebene bestimmt, die horizontal die Unbuntachse in der als gleich hell empfundenen Unbuntstufe schneidet.

Farben wirken auf den Betrachter. Warum das so ist, wird deutlich, wenn man sich die Zusammenhänge vor Augen führt.

Materie besteht aus Atomen, die sich zu Molekülen zusammenschließen. Das gilt natürlich ebenso für lebende Zellen. Ein Atom ist die kleinste Einheit eines chemischen Elementes. Es besteht aus einem sehr kleinen positiv elektrisch geladenen Atomkern und einer ihn umgebenden Elektronenhülle. Die positive Gesamtladung des Atomkernes wird von einer negativen Elementarladung der Elektronen kompensiert. Die Elektronen umkreisen in festliegenden Bahnen den Atomkern. Dadurch verhalten sich die Atome nach außen hin elektrisch neutral. Mit anderen Worten: Ein Atom ist eine starre Energiestruktur. Durch Kernspaltung kann die Energie, die im Atom ›gebändigt‹ ist, entfesselt werden.

Man kann sich Licht als aus Energiequanten, so genannten Photonen, bestehend vorstellen. Es leuchtet deshalb sofort ein, dass eine Wirkung entstehen muss, wenn Lichtstrahlen auf Materie treffen, wenn die elektrische Energie der Photonen mit der Energiestruktur der Atome in Berührung kommt.

Wenn Licht auf leblose Materie fällt, zum Beispiel auf einen Stein, wird ein Teil der Strahlung in Wärme verwandelt. Der Rest wird reflektiert und kann, wie wir bereits wissen, als Farbreiz in das Auge eines Betrachters fallen. Wenn Licht auf eine Pflanze fällt, wird die Energie eines Teiles der Strahlung als ›Treibstoff‹ benutzt, um den Prozess der Photosynthese ablaufen zu lassen. So kann die Pflanze Chlorophyll produzieren. Der von der Pflanze nicht benötigte Teil der Strahlung, der reflektiert wird, lässt bei dem Betrachter die Farbempfindungen Blattgrün oder Blütenfarbe entstehen. Jeder, der schon einmal einen Sonnenbrand hatte, wird sich daran erinnern können, welche enorme Wirkung die Energie des Sonnenlichtes auf seine Haut haben kann.

Der psychologische Farbentest

Farbmuster des Frieling-Tests

Nach den Überlegungen, die wir eben angestellt haben, nimmt es nicht Wunder, dass Farben auf den Betrachter Wirkungen ausüben. Das können physische, also körperliche Wirkungen sein oder psychologische, also gefühlsmäßige. Jeder von uns weiß, dass durch Farben Stimmungen erzeugt werden können. Denken wir nur an die Gestaltung von Wohn- und Arbeitsräumen oder an die Rotlichtatmosphäre einer Bar. Denken wir an die Farben von Gemälden. Oder denken wir an die fröhlichen Farben der Sommerkleider junger Mädchen und im Vergleich dazu an schwarze Trauerkleidung.

Es gibt präzise ausgearbeitete Farbentests, die in der Psychologie und in der Psychiatrie zur Diagnose eingesetzt werden. In der Abbildung sehen wir die Farbmuster des Frieling-Tests. Der Proband wird aufgefordert, den einzelnen Farben Sympathie- bzw. Antipathiewerte zuzuordnen. Aus der Reihenfolge der Akzeptanz und der Ablehnung zieht der Psychologe Schlüsse, die auf das seelische Befinden des Patienten hinweisen.

Die psychologische Bedeutung der Farben

Das psychologische Ordnungsschema (S. 146) präsentiert, stark verkürzt, die psychologische Bedeutung der wichtigsten Farben. Der obere Teil bezieht sich auf die Farben des Farbensechsecks. Darunter steht, als psychologisch eigenständige Farbe, das Braun. Und ganz unten sehen wir die Erklärung für die drei unbunten Farben Weiß, Grau und Schwarz.

Die psychologische Bedeutung der Farben

	Gelb Extrovertiert Dynamisch Veränderung	
Orange Fanatisch Aktiv Überschäumend		**Grün** Realistisch Lebensfroh Naturverbunden
Rot Exzentrisch Tatendrang Eroberungswille		**Türkis** Konzentrisch Spannung Beharrung
Magenta Idealistisch Theoretisch Transzendent		**Cyan** Pflichtbewusst Passiv Konzentriert
	Violett Introvertiert Statisch Ruhe	
	Braun Zurückgezogen Erschlaffung Behaglichkeit	
Weiß Illusionär Auflösung Realitätsfern	**Grau** Unbeteiligt Abgeschirmt Sich-Verstecken	**Schwarz** Pessimistisch Zwang Hoffnungslos

Heilen durch Farbbestrahlung

Anlässlich eines internationalen Kongresses von Farbexperten in Plovdiv, Bulgarien, präsentierte der Mediziner Dr. Christian Agrapart aus Paris eine Fotodokumentation. Als Arzt und Vorsitzender der Pariser Akupunktur-Gesellschaft hatte er sich auf das Heilen durch Farbbestrahlung spezialisiert. Er zeigte Fotos von einer

Patientin, die bei einem Autounfall schwere Verbrennungen erlitten hatte und der die Schulmedizin nicht hatte helfen können. Über ein halbes Jahr lang war sie ohne jeden Heilerfolg mit heftigen Schmerzen in Behandlung gewesen. Es gelang ihm, bei der Patientin durch Farbbestrahlung einen Heilvorgang einzuleiten und sie innerhalb von nur drei Wochen vollständig von ihren Leiden zu befreien. Die heilende Wirkung von Farbbestrahlung konnte ich am eigenen Leib erfahren. Es funktioniert auch dann, wenn man nicht daran glaubt. Inzwischen sind im Handel auch Geräte zur Farbbestrahlung für den Hausgebrauch erhältlich.

Kennzeichnung durch bunte Farben

Eine grüne Erdbeere unterscheidet sich von einer reifen nicht durch ihre Form und ihre Größe, sondern nur durch ihre Farbe. An der Farbe erkennt der Betrachter den Reifegrad. Er kann sofort sehen, ob sie ungenießbar, gerade richtig reif oder bereits überreif ist.

Überall erhalten wir Informationen durch bunte Farben. Wir wissen, dass blaue Verkehrsschilder zur Autobahn führen und gelbe sich auf Bundesstraßen beziehen. Die verschiedenen Farben in Stadtplänen und Landkarten erleichtern uns die Orientierung. Das rote Licht der Verkehrsampel signalisiert uns »stopp«, das grüne »freie Fahrt«. Wir unterscheiden die verschiedenen Tabletten, die wir täglich einnehmen sollen und deren Namen wir uns nicht merken können, durch ihre Farben. Auf dem Fußballfeld sind die beiden Mannschaften durch die Farben der Trikots gekennzeichnet und den Schiedsrichter erkennt man an seiner schwarzen Kleidung.

Identifikationsfarben

Firmen begnügen sich nicht damit, auf ihrem Briefbogen in schwarzer Schrift den Firmennamen und die Anschrift mitzuteilen. Der Briefbogen wird meist farbig gestaltet, um durch Verwendung einer Firmenfarbe

Ein Klassiker seit Jahrzehnten: die blaue Niveadose

oder einer Farbkombination die sofortige Identifikation zu erreichen.

Farben werden schneller erkannt als Worte. Wahrscheinlich ist das Coca-Cola-Rot die bekannteste Firmenfarbe überhaupt. Und wer im Regal eines Drogeriemarktes nach Niveacreme sucht, orientiert sich an der blauen Farbe.

Natürlich sind auch die Farben der Nationalfahnen Identifikationsfarben. Durch die Flagge erkennt der Kapitän eines Schiffes die Nationalität eines anderen weit entfernten Schiffes.

Farben in der Werbung

Für die Werbung haben Farben besondere Bedeutung. Denn Farben sprechen direkt das Gefühl an, ohne den Umweg über den Verstand. Die Farben sollten psychologisch und physiologisch richtig gewählt sein. Absolut falsch ist es etwa, wenn als Produktfarbe für einen süßen Orangensaft ein Gelbgrün und für den herben ein Orangerot gewählt wird.

Unser Beispiel zeigt eine Werbung für Zündkerzen der Firma Bosch, bei der die Farben optimal zum Produkt passen. Das Gelb des Hintergrundes steht für Energie und Dynamik. Das Orangerot suggeriert Kraft und Aktivität.

Werbeanzeige für Zündkerzen von Bosch

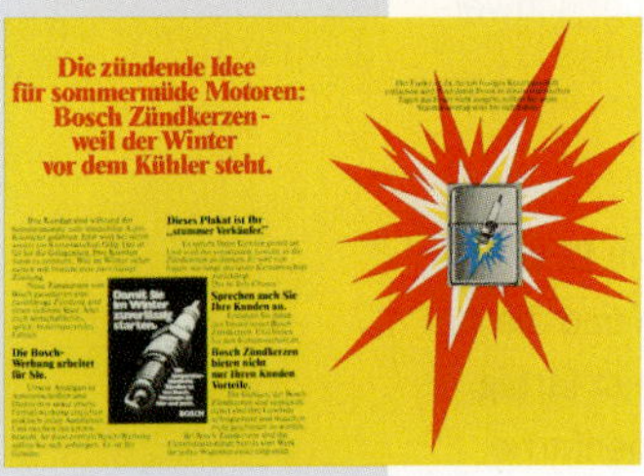

Überraschende Farbgebung

Ein originelles Beispiel ist die Werbung der Firma BASF für ihre Farbstoffe (Abb. oben rechts). Die Aufmerksamkeit des Betrachters wird durch die ungewöhnliche Präsentation der bunten Farben eingefangen. Sicherlich hat diese Kampagne ihre Wirkung nicht verfehlt.

Harmonie der Farben

Farbharmonien entstehen durch die Beziehungen der in einer Gestaltung verwendeten Farbnuancen zueinander. Das können Gemeinsamkeiten oder Gegensätze sein. Gemeinsamkeiten entstehen durch Gleichheit oder Ähnlichkeit der ästhetischen Unterscheidungsmerkmale, also durch Nachbarschaft. Gegensätze entstehen durch Unterschiede der Merkmale, also durch Fremdes.

Die Beziehungen zwischen den Farbnuancen können auf quantitativen Kriterien beruhen. Bei quantitativen Beziehungen kann es rhythmische Verhältnisse zwischen den Teilmengen der Grundfarben geben, die in den Farbnuancen vertreten sind. Dadurch erhalten sie Verbindendes. Zum Beispiel können in zwei Farbnuancen, die zusammenwirken sollen, die Teilmengen von Gelb gleich sein (Y 40). Die eine hat dazu eine Teilmenge von Orangerot (R 60) und die andere eine solche von Grün (G 60). Diese beiden Farbnuancen werden gut miteinander harmonieren.

Überraschende Farbgebung in einer Werbeanzeige von BASF

Wenn die Beziehungen qualitativer Art sind, beruhen sie auf Übereinstimmungen oder Gegensätzen der vier ästhetischen Unterscheidungsmerkmale. Bei Übereinstimmungen kann es nicht mehr als zehn Varianten geben:

- Buntart allein
- Unbuntart allein
- Buntgrad allein
- Helligkeit allein
- Buntart und Unbuntart
- Buntart und Buntgrad
- Buntart und Helligkeit
- Unbuntart und Buntgrad
- Unbuntart und Helligkeit
- Buntgrad und Helligkeit

Farbnuancen können nur in maximal zwei Merkmalen gleich sein, weil durch drei Merkmale ein geometrischer Punkt im Farbenraum bestimmt wird und es deshalb keine Unterschiede mehr geben kann.

Interessante Farbwirkungen erfordern natürlich neben Übereinstimmungen und Gemeinsamkeiten auch Gegensätze, um Spannungen zu erzeugen. Denn eine Farbgestaltung, die nur auf Gemeinsamkeiten aufgebaut wäre, könnte leicht monoton und langweilig wirken. Wer sich für die Harmoniebeziehungen der Farben besonders interessiert, kann die detaillierten Erklärungen in meinem Buch *Harmonielehre der Farben* nachlesen.

Harmonie ist Ordnung

Wenn die Farbnuancen einer Gestaltung in eine logische Beziehung, in eine Ordnungsstruktur, zueinander gebracht werden, entsteht ein harmonischer Eindruck, wie man links unten sehen kann. Auf der rechten Seite sind exakt die gleichen Farbnuancen anders angeordnet. Der Eindruck, der jetzt entsteht, ist kunterbunt, unharmonisch, chaotisch.

Wie entsteht ein harmonischer Eindruck?

Die Super-Farbensonne

Für den Farbgestalter kann es sehr hilfreich sein, wenn ihm Übersichten über die Gesamtheit der Farben zur Verfügung stehen, an denen er sich orientieren kann. Eine solche Übersicht ist meine Super-Farbensonne. Wir haben es hier mit einer zweidimensionalen Darstellung der dreidimensionalen Farbenvielfalt zu tun. Es

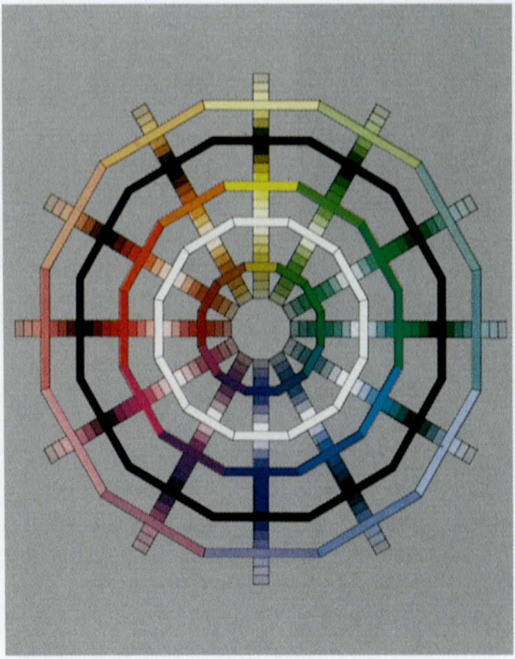

gibt zwölf Buntartstrahlen, nämlich solche von den sechs bunten Grundfarben und solche von sechs jeweils dazwischenliegenden Buntarten.

Jeder Strahl beginnt in der Mitte beim mittleren Grau. Der Verlauf führt über unreine Farbnuancen zu einer mittleren Verschwärzlichungsstufe, weiter zum Weiß, dann über reine verweißlichte Farbnuancen zur reinen Buntart. Von dort geht es über reine verschwärzlichte Stufen zum Schwarz und dann weiter über unreine Nuancen zu einer mittleren Verweißlichungsstufe, um zum gleichen Grau zurückzuführen. Indem man Teile dieses Schemas abdeckt, kann man Farbwirkungen finden, seien es solche, die durch Ähnlichkeit, also durch Nachbarschaftseffekte, entstehen, seien es solche, bei denen die Gegensätze zur Wirkung kommen sollen, seien es Zweiklänge oder Dreiklänge.

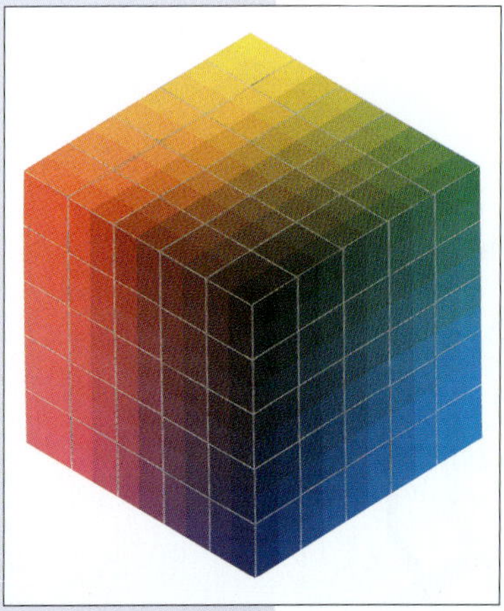

Wie kommen die Farbeffekte in einem Bild zustande?

Leider können die Sekundärfarben Orangerot (R), Grün (G) und Violettblau (B) wegen des hier verwendeten Vierfarbendrucks nicht in der optimalen Reinheit und Leuchtkraft erscheinen.

Farbanalyse von Bildern

Wenn man analysieren will, wie die Farbeffekte in einem Bild zustande kommen, fragt man am besten die vier ästhetischen Unterscheidungsmerkmale ab: Was ist mit der Buntart? Was ist mit der Unbuntart? Was ist mit dem Buntgrad? Was ist mit der Helligkeit?

Zu unserem Beispiel links: Buntart: Alle Buntarten sind in Stufen systematisch angeordnet. Unbuntart: Nur die Unbuntart Schwarz wurde verwendet. Buntgrad: Es gibt einen Verlauf, der in Stufen von den reinen Buntarten mit höchstem Buntgrad von außen zu den Farbnuancen mit geringstem Buntgrad in der Mitte führt. Helligkeit: Die individuellen Helligkeitsunterschiede der bunten Grundfarben wirken mit dem Dunklerwerden durch Verschwärzlichungen zusammen. So ist eine ausgewogene, harmonische Gesamtwirkung entstanden. Hier ist es gelungen, die geballte Kraft aller bunten Farben durch Ordnung zu ›zähmen‹.

Systematische Farbgestaltung

Wir sehen auf der rechten Seite eine meiner Kollagen. Auf einem olivgrüngrauen Fond wurden vorgefertigte Elemente befestigt, die alle die Form eines gleichseitigen Dreiecks haben und gleich groß sind. Die ambivalente Wirkung entsteht durch sich gegenseitig durchdringende Dreiecke. Die Dreiecksform der einzelnen Elemente wurde hier zur Gestaltungskonzeption gemacht.

Ein Beispiel für systematische Farbgestaltung. Bei längerer Betrachtung kann man das Bild in verschiedenen Perspektiven sehen (ambivalent).

Bei den verwendeten Buntarten gibt es einerseits die Nachbarschaftsbeziehungen zwischen Orangerot, Gelb und Grün, andrerseits werden Spannungen durch die gegenüberliegende Buntart Violettblau erzeugt. Nur Dunkelgrau und Schwarz sind als Unbuntarten in den Mischungen vertreten. Starke Unterschiede des Buntgrades lassen die Gestaltung lebendig werden. Die Helligkeitsunterschiede entstehen durch die verschiedenen Helligkeiten der verwendeten Buntarten und durch die Unbuntbeimischungen.

Farb- und Stilberatung

Nicht nur wer im Beruf erfolgreich sein will, sondern auch jeder, der Wert darauf legt, wie er auf andere Menschen wirkt, macht sich Gedanken über seine Kleidung. Nicht jede Mode passt zu jedem Typ und nicht jede Farbe steht jedem Menschen.

Falsche (links) und richtige Farbwahl (rechts)

Die Stilrichtungen reichen von klassisch-elegant oder korrekt bis hin zu extravagant oder sportlich. Wer sich typbezogen richtig kleidet und dabei die richtigen Farben wählt, wird Sicherheit beim Auftreten gewinnen und eine bessere Ausstrahlung haben als der in dieser Hinsicht Ungeschickte. Für alle, die unsicher sind, wie sie sich optimal kleiden, können Farb- und Stilberaterinnen und -berater eine wichtige Hilfe sein.

Die personenbezogene Farbanalyse

Die Kundin, die Beratung sucht, sitzt vor einem Spiegel. Die Beraterin steht hinter ihr. Die Beraterin verfügt über ein Sortiment von farbigen Tüchern, die sie der Kundin nacheinander über die Schultern und unter das Kinn legt, um festzustellen, welche Farben am besten zu der Person passen. Als Abschluss der Beratung gibt sie der Kundin einen Farbenpass oder eine Farbtabelle mit, in der die vorgeschlagenen Farben angeordnet sind.

Es hat sich in der Farbberatungsbranche eingebürgert, die Menschen in vier Grundtypen einzuteilen, die den vier Jahreszeiten entsprechen, also Frühling-, Sommer-, Herbst- und Wintertypen. Gelegentlich wird auch mit Zwischentypen gearbeitet. Für diese vier Grundtypen gibt es vorgefertigte Farbenpässe oder Farbenkarten.

Die Farbberaterin verwendet farbige Tücher, um festzustellen, welche Farbe der Kundin am besten steht.

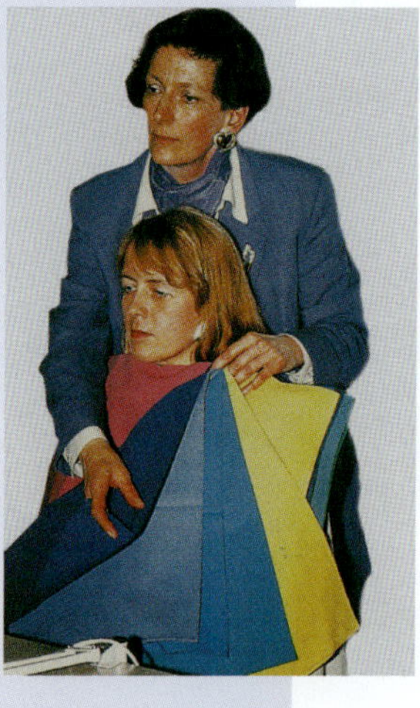

Vom Grundsatz her ist es ohne Zweifel richtig, dass einer Frau mit bläulich weißer Haut kalte Farben besser stehen als warme, z. B. ein dunkles Braun. Ich bin aber nicht der Meinung, dass es eine gute Lösung für das Problem ist, anzunehmen, man könnte die sechs Milliarden Menschen in vier Schubladengruppen einteilen. Vielmehr bin ich der Überzeugung, dass jeder Mensch sich mit allen Buntarten optimal kleiden kann, dass es ledig lich auf die Farbabstufung ankommt. Also darauf, ob eine Buntart mit Weiß, mit einem bestimmten Grau oder mit Schwarz gemischt ist. Mir scheint wichtig zu sein, festzustellen, ob der Betreffende besser reine und leuchtende oder besser gebrochene, gedeckte Farben tragen kann. Ob ihm helle Farben besser stehen oder dunkle.

Wem nützt denn eine Auswahl von zehn oder zwanzig Farbnuancen, die als optimal vorgeschlagen werden, wenn es unter den Kleidungsstücken, die im Handel angeboten werden und die in Frage kommen, diese Farben gar nicht gibt? Sinnvoller wäre es doch, auf einer systematischen Darstellung der Farbenvielfalt, wie z. B. der Super-Farbensonne, die Farbbereiche zu kennzeichnen, die man als günstig ermittelt hat. So kennt der Käufer die Farbrichtung und weiß, was für ihn vorteilhaft ist.

Farbabstufungen durch Mischung der Buntarten nur mit Weiß

Mein Buch *Farbe verstehen und beherrschen* enthält eine große Farbtabelle, in der von den zwölf Buntarten meiner ›Farbensonne‹ zahlreiche Farbabstufungen systematisch angeordnet sind. Die Abbildungen auf dieser Seite geben einige Beispiele von Farbabstufungen.

Farbabstufungen durch Mischung der Buntarten mit einem mittleren Grau (links)

Farbabstufungen durch Mischung der Buntarten nur mit Schwarz (rechts)

Die Verantwortung der Lehrer und Autoren

Meiner Ansicht nach ist es pädagogisch unverantwortlich und ein durch nichts zu entschuldigender Fehler, wenn heute noch die beweisbar falsche Farbentheorie von Johannes Itten gelehrt oder in Neuerscheinungen weiterverbreitet wird.

Gibt es Farben im Licht?

Im Licht gibt es keine Farben. Licht besteht aus farblosen Energiestrahlen. Farbe ist immer und ausschließlich nur die Sinnesempfindung eines Betrachters.

Kann man alle Farben aus drei Grundfarben mischen?

Nein! Das ist grundsätzlich ausgeschlossen. Nur, wenn es sich um transparente Farbmittel handelt, wie z. B. um die Filterschichten bei der Buntfotografie, kommt man mit den drei bunten Primärfarben YMC aus. Nur dann entstehen durch Mischung die Sekundärfarben RGB. Aber immer muss als vierte Grundfarbe die Basisfarbe Weiß zur Verfügung stehen. Nur beim Gesetz der Subtraktiven Mischung kann man prinzipiell aus den vier Grundfarben WYMC durch Mischung alle anderen Farben entstehen lassen.

Ergibt die Mischung aus Gelb und Blau Grün?

Nur beim Gesetz der Subtraktiven Mischung entsteht die Grundfarbe Grün durch Mischung der Grundfarben Gelb und Cyanblau. Wenn man mit deckenden Farbmitteln arbeitet, z. B. mit Gouache- oder mit Künstlerölfarben, kann man die Grundfarbe Grün nicht aus Gelb und Cyanblau mischen. Natürlich bekommt man in der Mischung eine grüne Farbe. Aber eben nicht die Grundfarbe Grün. Man bekommt ein verweißlichtes Grün, eine Farbe, die man auch aus den Grundfarben Weiß und Grün durch Mischung erzielen kann.

Dasselbe gilt für das Mischen von Gelb und Magentarot einerseits und für das Mischen von Magentarot und

Cyanblau andererseits. Hier bekommt man im ersten Fall ein verweißlichtes Orangerot und im zweiten Fall ein verweißlichtes Violettblau. Die beiden Grundfarben Orangerot und Violettblau lassen sich bei deckenden Malfarben nicht durch Mischung hervorbringen. Beim Arbeiten mit deckenden Farbmitteln muss man alle acht Grundfarben zur Verfügung haben, wenn man durch Mischung sämtliche Farbnuancen hervorbringen möchte. Das sind W Y M C R G B K.

Sind die Itten-Farben Gelb, Rot und Blau Grundfarben?
Nein! Diese Farben sind bereits Sekundärfarben. Das Itten-Gelb ist eine Mischung der Grundfarben Gelb und Orangerot, das Itten-Rot ist eine Mischung der Grundfarben Orangerot und Magentarot und das Itten-Blau ist eine Mischung der Grundfarben Violettblau und Cyanblau.

Gibt es sieben Farbkontraste?
Nein! Der Ittensche ›Quantitätskontrast‹ ist ein Gestaltungselement und kein ästhetisches Unterscheidungsmerkmal. Der Ittensche Simultankontrast ist ein physiologischer Effekt, aber ebenfalls kein ästhetisches Unterscheidungsmerkmal. Der Ittensche ›Kalt-Warm-Kontrast‹ ist eine Konstellation des Merkmals Buntart. Die Unterscheidung von sieben Farbkontrasten ist völlig unlogisch. Sinnvoll dagegen ist die Unterscheidung der vier ästhetischen Unterscheidungsmerkmale Buntart, Unbuntart, Buntgrad bzw. Unbuntgrad und Helligkeit.

Das Basisschema der Farbenlehre
Um im Unterricht zu demonstrieren, welche Gesetzmäßigkeiten allen Farberscheinungen zugrunde liegen, dient mein ›Basisschema der Farbenlehre‹ (S. 158). Es erklärt sowohl die Arbeitsweise des Sehorgans als auch die wichtigsten Farbmischgesetze, nämlich die

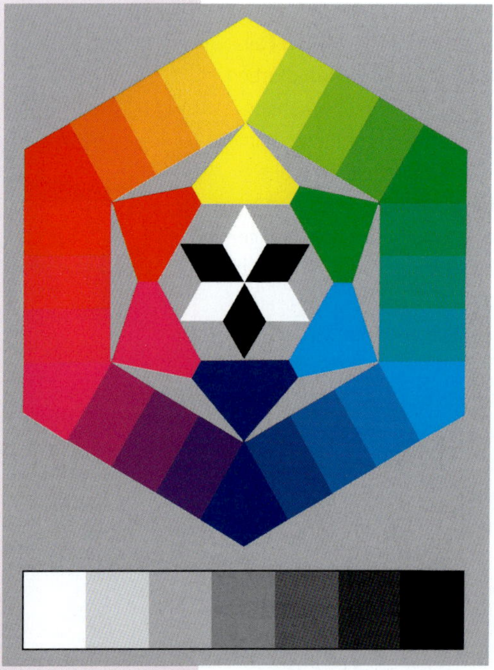

Basisschema der Farbenlehre

Additive Mischung, die Subtraktive Mischung, die Integrierte Mischung und die Buntmischung.

Das Funktionsprinzip des Sehorgans: Die schwarzen Rhomben in der Mitte des Schemas symbolisieren die Grundempfindung Schwarz. Sie weisen auf die drei Urfarben RGB hin, die hier die Primärfarben sind. Als Sekundärfarben entstehen YMC, die zwischen ihnen angeordnet sind. Die Tertiärfarbe W wird durch die weißen Rhomben in der Mitte dargestellt.

Additive Mischung: Sie funktioniert analog zum Funktionsprinzip des Sehorgans. Jetzt charakterisieren die schwarzen Rhomben die Basisfarbe Schwarz, die beim Fernsehen durch die Dunkelheit im Kasten vertreten ist. Jetzt sind die Additiven Grundfarben RGB die Primärfarben. Jetzt entstehen als Sekundärfarben YMC und als Tertiärfarbe entsteht W.

Subtraktive Mischung: Die Basisfarbe Weiß wird durch die weißen Rhomben in der Mitte der Abbildung dargestellt. Sie muss als weiße Papieroberfläche oder als weißes Licht vorhanden sein. Die SubMi gilt für Buntfotografie, Dreifarbendruck und Aquarellmalerei. Die weißen Rhomben weisen auf die Subtraktiven Grundfarben YMC hin, die hier die Primärfarben sind. Als Sekundärfarben entstehen RGB und als Tertiärfarbe entsteht K.

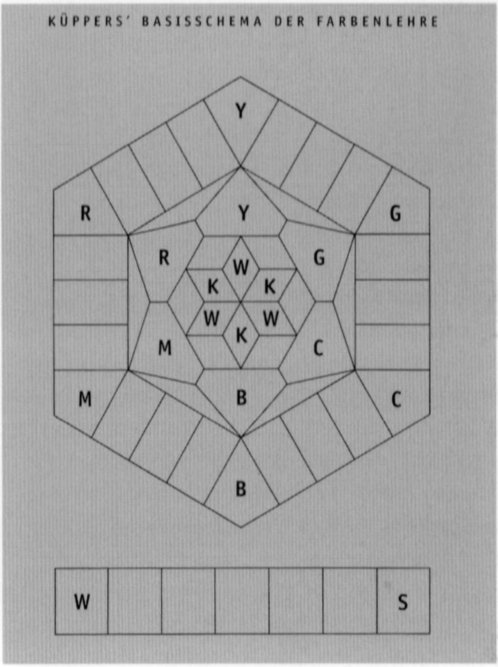

Das Arbeitsblatt Basisschema, Format Din A4

Integrierte Mischung: Alle acht deckenden Grundfarben werden benötigt. Die sechs bunten Grundfarben des Zackenringes weisen auf die sechs Ecken des Buntarten-Sechsecks hin. Neue Buntarten, die als Sekundärfarben durch Mischung entstehen, sind zwischen den beiden benachbarten Grundfarben angeordnet. Die beiden unbunten Grundfarben sitzen an den Enden der Unbuntarten-Geraden, unten im Schema. Neue Unbuntarten, die durch Mischung dieser beiden entstehen, liegen zwischen ihnen.

Buntmischung: Sich gegenüberliegende deckende bunte Grundfarben löschen gegenseitig ihr Buntsein völlig aus, und zwar zu dem mittleren Grau, das im Fond des Schemas zu sehen ist. Die Mischung von YMC ergibt ein helleres, diejenige von RGB ein dunkleres Grau.

Das Arbeitsblatt Basisschema

Wenn irgend möglich, sollte jeder Lernende und Lehrende in seiner Schulzeit einmal das ›Arbeitsblatt Basisschema‹ ausgemalt haben. Ein solches sorgfältig ausgemaltes Blatt kann ein Leben lang von Nutzen sein. Es dient immer wieder der Orientierung, wenn die Zusammenhänge in Vergessenheit geraten sind.

Die Farbensonne

Meine Farbensonne eignet sich besonders auch als Lehrtafel, um einen ersten Zugang zur Farbenvielfalt zu finden. Vor einem mittelgrauen Hintergrund sind zwölf Farbstrahlen gezeigt. Es handelt sich um die sechs bunten Grundfarben und um sechs dazwischenliegende Buntarten. In dem durchgehenden Ring sieht man die reinen Buntarten. Nach innen zu gibt es je drei Verweißlichungsstufen, nach außen zu je vier Verschwärzlichungsstufen.

Wichtig sind richtige Farbnamen

In Schule und Ausbildung sollten einheitlich die richtigen, unverwechselbaren Farbnamen verwendet werden. Das muss gelernt werden wie die Vokabeln einer fremden Sprache. Jeder sollte die präzisen Farbnamen für die acht Grundfarben und die international eingeführten Abkürzungen kennen. Für spätere Computerbenutzer ist das zum Verständnis unverzichtbar. Für den täglichen Gebrauch kann man dann auch die praktischen Kurzbezeichnungen verwenden:

Die Farbensonne

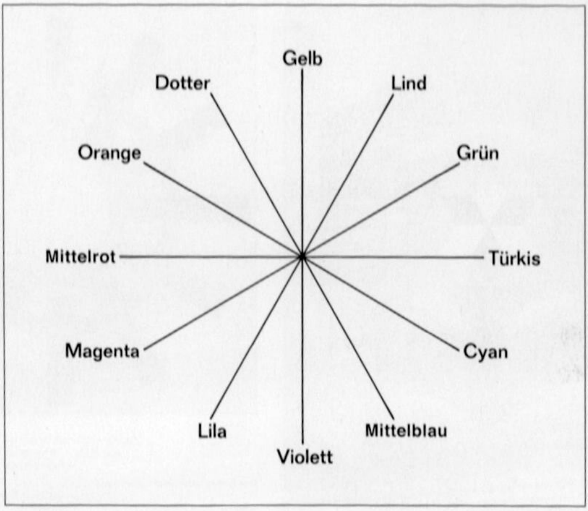

Farbname	Int. Abkürzung	Kurzbezeichnung
Weiß	W *(white)*	Weiß
Gelb	Y *(yellow)*	Gelb
Gelbgrün		Lind
Grün	G *(green)*	Grün
Blaugrün		Türkis
Cyanblau	C *(cyan)*	Cyan
Mittelblau		Mittelblau
Violettblau	B *(blue)*	Violett
Blaurot		Lila
Magentarot	M *(magenta)*	Magenta
Mittelrot		Mittelrot
Orangerot	R *(red)*	Orange
Gelborange		Dotter
Schwarz	K *(key)*	Schwarz

Der Farbenkompass

Mit der gleichen Selbstverständlichkeit, mit der jede Schülerin und jeder Schüler einen Schulmalkasten besitzt, sollte jeder auch einen ›Farbenkompass‹ haben. Der Farbenkompass ist eine dreiseitige Klappkarte im Postkartenformat. Er zeigt siebenfarbig gedruckte

Küppers' Farbenkompass, Klappkarte im Postkartenformat

Abbildungen des Basisschemas der Farbenlehre, der Farbensonne und der Super-Farbensonne. So kann jeder erkennen, wie die Grundfarben tatsächlich aussehen. Im dazugehörigen Text gibt es kurze Erklärungen.

Wer einen solchen Farbenkompass besitzt, kann sich in Bezug auf Farben jederzeit sicher orientieren. Der Farbenkompass ist eine wertvolle Hilfe beim systematischen Farbenmischen, bei der systematischen Farbgestaltung und allen anderen Aufgaben der Farbanwendung, bei der Farbanalyse von Bildern, bei der Harmoniewahl und bei der Farb- und Stilberatung, also bei der Kaufentscheidung für ein Kleidungsstück.

Das Grau-Erlebnis

Wer einmal systematisch die gegenfarbigen (komplementären) deckenden Grundfarben zu Grau ausgemischt hat, wird dieses Erlebnis sein Leben lang nicht vergessen. Für viele erscheint es unglaublich, dass man aus den leuchtenden bunten Farben das gleiche neutrale Grau ausmischen kann, das entsteht, wenn man Weiß und Schwarz miteinander mischt.

Dazu benötigt man einen Satz von acht aufeinander abgestimmten Farbmitteln, wie z. B. die Tubenmalfar-

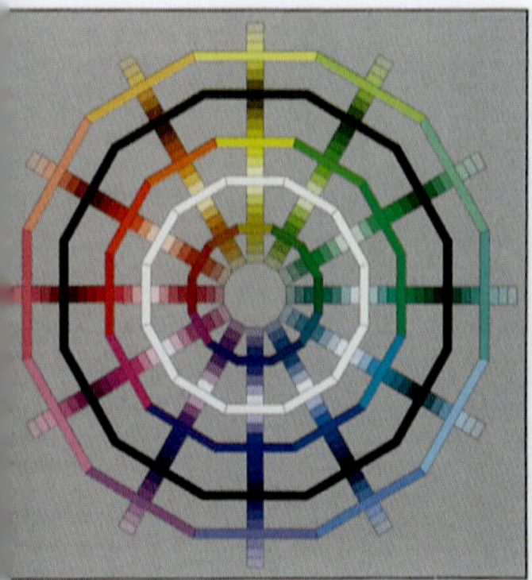

Super-Farbensonne
n zweidimensionales Ordnungssystem der dreidimensionalen Farbenvielfalt. Auf dem lnen Farbstrahl geht es vom Grau in der Mitte über unreine Farben zu einer mittleren hwärzlichungsstufe, von dort über unreine zum Weiß, dann über reine verweißlichte zur n vollen Buntart, weiter über reine verschwärzlichte zum Schwarz und weiter über ne zu einer mittleren Verweißlichungsstufe, um über unreine Farben zum gleichen Grau kzuführen.

ben des Küppers-Grundfarbensatzes der Künstlerfarbenfabrik Schmincke. Zuerst mischt man sich aus Weiß und Schwarz einige nahe beieinander liegende Graustufen, an denen man sich für das Neutralgrau orientiert, das man durch Mischung der bunten Farben erzielen will. Dann mischt man die Farbenpaare YB, MG und CR zu exakt dem gleichen neutralen Grau aus. Das ist natürlich nicht immer ganz einfach, weil man genau den neutralen Punkt treffen muss. Man macht Probeaufstriche und korrigiert vorhandene Farbstiche, indem man vorsichtig von der Gegenfarbe dazugibt. Aber es ist eine faszinierende Aufgabe, die immer mit Begeisterung durchgeführt wird. Auch aus den Dreiergruppen YMC und RGB kann man ein absolut neutrales Grau ausmischen.

Im Kindergarten fängt es an

Wer etwas Falsches gelernt hat, tut sich oft sehr schwer, es durch Richtiges zu ersetzen. Dafür gibt es zahlreiche Beispiele. Deshalb erscheint es mir besonders wichtig, dass die Kinder im Kindergarten bereits mit richtigen Grundbegriffen der Farbenlehre vertraut gemacht werden. Man kann ihnen den Unterschied zwischen Farblichtern, durchsichtigen und undurchsichtigen Körperfarben demonstrieren und erklären.

Sinnvoll wäre es, wenn man für Kindergärten bereits Grundfarbensätze von acht deckenden, aufeinander abgestimmten Fingerfarben zur Verfügung hätte. Die Kleinen sollten bereits die Farbnamen für die acht

Grundfarben lernen. Und man kann ihnen zeigen, wie durch Mischung neue Farbnuancen entstehen und dass man mit diesen deckenden Farben nicht eine der Grundfarben aus anderen Farben nachmischen kann.

Der Schulmalkasten

Leider gibt es bisher im Handel keinen Schulmalkasten, in dem nur die acht Grundfarben vorhanden sind. Aber zumindest konnte ich durch meine Mitarbeit in den Normenausschüssen erreichen, dass in die DIN-Schulmalkästen die Farben Magentarot und Cyanblau integriert wurden.

Gottes Mühlen mahlen langsam

Grundlage für das, was die Kinder in den Schulen lernen, ist das, was den Lehrerinnen und Lehrern auf den pädagogischen Hochschulen beigebracht wurde. Und an die Lehramtsanwärter auf den pädagogischen Hochschulen wurde nur das vermittelt, was die Professoren und Dozenten selbst gelernt haben. Nur dort, wo sich die Professoren und Lehrer aus eigener Initiative weiterbilden, finden die neuen Erkenntnisse sofort Eingang in die Schulen. Neue Erkenntnisse in die Schulen einzuführen, ist ein langwieriger Prozess. Andererseits ist die neue Farbenlehre bereits in verschiedenen Bundesländern in die Rahmenrichtlinien für Lehrpläne übernommen worden.

Die Gegenfarbentheorie

Wenn man die Abbildung studiert, in welcher der Aufbau der Netzhaut dargestellt ist (S. 73), wird klar, dass sowohl die Zapfen als auch die Stäbchen in einer hinteren Schicht angeordnet sind. Demzufolge muss das Licht, welches durch das optische System des Auges auf die Netzhaut projiziert wird, zuerst die limitierende Membran, dann die Schicht der retinalen Ganglienzellen, danach die plexiformen und nukleären Schichten passieren, bevor es auf die lichtempfindlichen Sehzellen, die Zapfen und die Stäbchen trifft, von denen es registriert wird.

Es ist weltweit wissenschaftlich unumstritten, dass die Aktivität der Stäbchen zu unbunten Hellempfindungen führt und dass die Stäbchen das Nachtsehen ermöglichen, nämlich eine Orientierung bei minimaler Beleuchtungsintensität. Es ist ebenfalls weltweit unumstritten, dass es drei Typen von spektral empfindlichen Zapfen gibt, nämlich einen, der auf kurzwellige, einen der auf mittelwellige und einen, der auf langwellige Strahlung reagiert.

Unbegreiflich und unakzeptabel ist für mich die Hypothese der Gegenfarbentheorie von Hering (s. S. 52 ff.) und dass sie von Physiologen, Physikern und Lichttechnikern übernommen wurde: Für mich ist es unvorstellbar, dass durch die nachgeschalteten Ganglienzellen der dreiteilige elektrische Code, den die Zapfen gebildet haben, in Gegenfarbenwerte umgerechnet wird, nämlich in einen Wert für die Rot-Grün-Achse, einen für die Gelb-Blau-Achse und einen für die Schwarz-Weiß-Achse. Das ergibt überhaupt keinen Sinn. Denn im Gehirn funktioniert der Mechanismus, der die Farbempfindung produziert, wieder exakt nach dem trichromatischen System. Hier haben wir es wieder mit den drei Grundempfindungen, die ich Urfarben nenne, zu tun: Orangerot, Grün und Violettblau (RGB).

Ich halte es für absurd, aus dem Sprachgebrauch der Namen für die Farben Gelb, Rot, Blau und Grün die Hypothese abzuleiten, dass diese die vier Grundfarben seien. Nach derselben Logik könnte man auch auf die groteske Idee kommen, Braun und Grau wären Grundfarben. Es kann doch gar nicht anders sein, als dass sich das Funktionsprinzip des Sehorgans in den Farbmischgesetzen widerspiegelt. Mit anderen Worten: Die Farbmischgesetze sind Interpretationsmöglichkeiten der Gesetzmäßigkeit, nach der das Sehorgan arbeitet. Wenn das richtig ist – und die Ergebnisse der Farbmischgesetze beweisen das –, dann kann

Das trichromatische Funktionsprinzip des Sehorgans

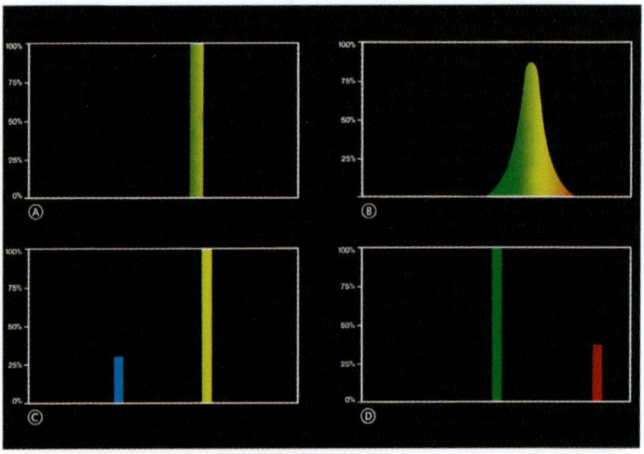

die Hypothese der Gegenfarbentheorie nicht richtig sein.

In der Abbildung finden wir eine Bestätigung für das trichromatische Funktionsprinzip des Sehorgans, wie es Young und Helmholtz postuliert haben. Dargestellt ist das Schema des Spektrums. Das schmale Band links oben (A) führt zur Farbempfindung Gelbgrün. Zur gleichen Farbempfindung führt aber auch der breitere Kurvenzug rechts oben (B). Wie links unten (C) zu sehen ist, lässt das Sehorgan ebenfalls die Farbempfindung Gelbgrün entstehen, wenn ein schmales Band im Gelbbereich mit geringeren Intensitäten eines schmalen Bandes Cyanblau zusammentrifft. Und wieder wird die gleiche Farbempfindung hervorgebracht (D), wenn ein schmales grünes Band mit geringeren Intensitäten von Orangerot zusammen wirkt.

Das CIELab-System

Das CIELab-System ist eine willkürliche, einfache Farbenordnung, die sich die Lichttechniker und Farbmetriker ausgedacht haben. Diesen Wissenschaftlern muss man insofern große Anerkennung zollen, als es auf dieser Grundlage gelungen ist, die technischen Prozesse des Fernsehens und der digitalen Bilderzeugung, Bildübertragung und Bildbearbeitung in erstaunlicher Qualität zu realisieren.

Im Prinzip wurde in diesem System jeder Farbnuance ein Regalplatz zugeordnet, wie in einem Hochregallager. Man kann die definierte Farbnuance wiederfinden, wenn man die Regalreihe, die Fachhöhe und die Fachnummer kennt. Mit Farbenlehre oder logischer Farbentheorie hat das nichts zu tun. Das CIELab-System ist deshalb didaktisch und pädagogisch vollständig ungeeignet, um Zusammenhänge der Farbenlehre zu erklären. Es kann nicht die Arbeitsweise des Sehorgans demonstrieren. Es kann weder die Additive, noch die Subtraktive, noch die Integrierte Mischung veranschaulichen. Aus diesen Gründen kommt es als Modell für den Schulunterricht nicht in Frage.

Bunte Röntgenbilder

Aus meiner Theorie ergibt sich, dass bunte Röntgenbilder möglich sind. Man kann den Wellenlängenbereich der Röntgenstrahlen in drei Bereiche aufgliedern und jedem dieser Bereiche eine der drei bunten Additiven Grundfarben RGB zuordnen. Auf dem Monitor erscheint dann ein mehrfarbiges Röntgenbild.

Ich habe diese Idee 1985 in meinem Buch *Die Farbenlehre der Fernseh-, Foto- und Drucktechnik (Farbentheorie der visuellen Kommunikationsmedien)* veröffentlicht. Leider hatte ich seinerzeit keine Möglichkeit, diese Idee zum Patent anzumelden und international durchzusetzen. Heute sind Röntgengeräte mit mehrfarbigen Röntgenbildern internationaler Standard bei der Gepäckkontrolle. Man findet sie auf allen Flughäfen der Welt.

Der CIELab-Farbenraum

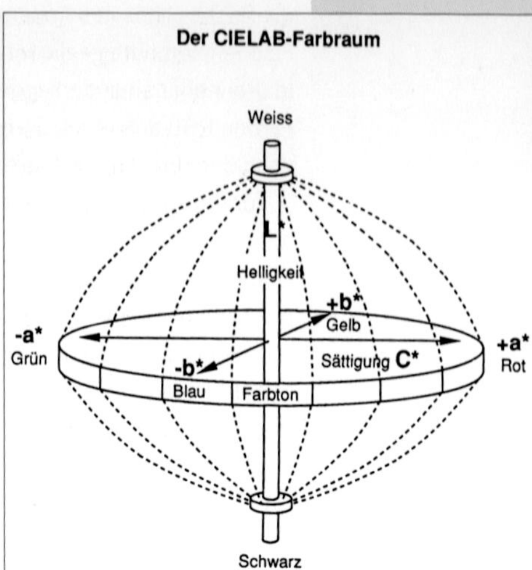

Die Buntfotografie (Farbfotografie)

Zur Technologie der Buntfotografie gibt es aus der Sicht der Farbentheorie keine Alternative. Hier ist das Prinzip der Subtraktiven Mischung in reiner Form realisiert. Immer muss als Basisfarbe Weiß zur Verfügung stehen, um die Differenzwerte auszufüllen. Immer sind die transparenten Farbschichten YMC nötig, um durch Zusammenwirken ihrer Absorptionsfähigkeiten den Farbreiz so zu modulieren, dass beim Betrachter die gewünschte Farbempfindung entsteht.

Das Buntfernsehen (Farbfernsehen)

Das Fernsehen hat eine beeindruckende technische Qualität entwickelt. Beim täglichen Fernsehkonsum fallen keine Mängel in der Bildwiedergabe auf. Nur wenn einmal ein Testbild gesendet wird, kann man die Schwachstellen sehen. Die Sekundärfarben YMC werden nur blass und verweißlicht wiedergegeben. Das liegt an den Fehlabsorptionen und Fehltransmissionen der Phosphore.

Aus der Farbentheorie ergibt sich die Möglichkeit, die Farbwiedergabe im Fernsehen zu optimieren. Jetzt ist die Rasterplatte des Apparates in winzige quadratische Flächenelemente gegliedert. Jedes dieser Quadrate ist in drei nebeneinanderliegende winzige Streifen in den Farben RGB aufgeteilt. So funktioniert das Fernsehen nach dem Prinzip der Additiven Mischung.

Für das Fernsehen ergibt sich aus der Farbentheorie aber eine Alternative. Man könnte jedes quadratische Flächenelement in sechs Teilbereiche aufgliedern und jeden Teilbereich mit einer der sechs bunten Grundfarben belegen. So könnte man die Qualität der Farbwiedergabe optimieren. Die Sekundärfarben YMC könnten in größter Brillanz und Reinheit erscheinen.

Für das Publikumsfernsehen ist eine solche technologische Verbesserung nicht notwendig. Aber man kann sich vorstellen, dass Inselsysteme entwickelt werden, wo es auf präzise Farbwiedergabe ankommt. Unter Umständen wäre das im medizinischen Bereich denkbar, wenn es bei einer Übertragung aus dem OP in den Hörsaal darauf ankommt, durch Verfärbung von Organen diagnostische Schlüsse zu ziehen. Oder an Kunsthochschulen könnte man die Farben von Gemälden exakt auf dem Bildschirm wiedergeben. Aber es ist kaum anzunehmen, dass diese Möglichkeit umgesetzt wird. Denn es wäre ein enormer Kostenaufwand nötig. Man wird sich wohl damit begnügen müssen, die Qualität der Bildwiedergabe durch Optimierung der spektralen Eigenschaften der Phosphore zu verbessern, was ja heute schon bei Computer-Monitoren der Fall ist.

Das Färben

Wenn es darum geht, die weiße Binderfarbe im Farbeimer des Anstreichers oder weiße Textilstoffe zu färben, genügen im Allgemeinen die transparenten Farbstoffe YMC. Die Farbmischung funktioniert dann nach dem Prinzip der Subtraktiven Mischung und nach dem Prinzip der Buntausmischung. Wie bei der Buntfotografie lässt sich auf diese Weise eine große Farbenvielfalt erzeugen. Allerdings lassen sich im Bereich der Sekundärfarben RGB keine reinen, leuchtenden Farbnuancen ausmischen. Das liegt an den spektralen Fehlern der Farbstoffe.

Auch hier gibt es die Alternative der Unbuntausmischung. Man kann einen schwarzen, rußfreien Farbstoff hinzunehmen. Durch Teilmengen von Schwarz im Zusammenwirken mit der weißen Binderfarbe bzw. dem weißen Textilstoff entstehen dann die Unbuntwerte. Nun werden die bunten Farbstoffe nur noch benötigt, um die Buntwerte in die Mischung einzubringen. Dieses Mischsystem hätte dann den Vorteil, dass man einerseits teure, reine, bunte Farbstoffe spart, andererseits sehr viel sicherer das gewünschte Mischergebnis treffen könnte. Besonders beim Mischen schwieriger Farbnuancen, wie Dunkelbraun oder Oliv, wäre diese Methode hilfreich.

Wenn es aber darauf ankommt, in den Sekundärbereichen RGB die schönsten, reinsten, leuchtendsten bunten Farbnuancen auszufärben, benötigt man alle sechs bunten Grundfarben. Zusammen mit Schwarz und dem weißen Basismaterial hat man dann alle acht Grundfarben zur Verfügung. Nun geht das Mischen nach dem Prinzip der Integrierten Mischung und nach dem Prinzip der Unbuntausmischung vor sich.

Der Vierfarbendruck

Im Offset-Vierfarbendruck wurde versucht, das klassische Prinzip der Subtraktiven Mischung nachzuahmen, so, wie es bei der Fotografie funktioniert. Der Unterschied besteht nur darin, dass bei der Fotografie die Farbpigmente gleichmäßig über die Fläche verteilt sind. Beim Druck dagegen wird die Fläche aufgerastert. Von der Größe der Rasterpunkte, also von der geometrischen Flächenbedeckung, hängt es dann beim Offsetdruck ab, welcher Tonwert entsteht.

Der orthodoxe Vierfarbendruck arbeitet mit den drei transparenten Farbschichten YMC. Prinzipiell entsteht das vielfarbige Bild durch Buntaufbau. Das heißt, dass prinzipiell sämtliche Unbuntwerte dadurch entstehen, dass sich die bunten Druckfarben YMC gegenseitig neutralisieren, dass sie gegenseitig ihr Buntsein auslöschen. Der Druckfarbe Schwarz wurde nur eine Hilfsrolle zugewiesen. Da das Schwarz ohnedies im Prozess zum Druck der Schriften immer vorhanden war, benutzte man es als vierte Farbe auch dazu, die Bildwiedergabe zu verbessern. Als so genanntes Skelettschwarz bekam es die Aufgabe, für verbesserte Durchzeichnung der dunklen Bildpartien zu sorgen und bessere schwarze Bildtiefen zu ermöglichen.

Vierfarbendruck im Unbuntaufbau

Y	M	C
M	C	Y
K	K	K

Der von mir erfundene Unbuntaufbau im Vierfarbendruck stellt Pdas bisherige Prinzip auf den Kopf. Denn jetzt werden grundsätzlich sämtliche Unbuntwerte im Druckbild durch die unbunte Druckfarbe Schwarz erzeugt, die mit dem weißen Papier zusammenwirkt und auf diese Weise die benötigten Unbuntwerte erzeugt. Das Schema der Abbildung links zeigt, dass jetzt an jeder Bildstelle von den vier Druckfarben nur noch drei wirksam sein können. Prinzipiell ist immer Schwarz dabei, um zusammen mit dem Papierweiß alle Unbuntwerte hervorzubringen. Und von den drei bunten Druckfarben können an einer Bildstelle maximal zwei zusammenkommen, um den Buntwert zu erzeugen.

Systematische Farbtabellen für den Unbuntaufbau habe ich 1978 in *DuMont's Farbenatlas* veröffentlicht. Sie werden darin den systematischen Farbtabellen für Buntaufbau zum Vergleichen gegenübergestellt.

Vergleich zwischen Buntaufbau und Unbuntaufbau
Wenn ein Kunstmaler ein Gemälde herstellen will, hat er zwei prinzipiell entgegengesetzte Möglichkeiten. Er kann auf der Palette für jede Bildstelle die Farbnuance zuerst mischen und dann in sein Gemälde einsetzen. Er kann aber auch zuerst ein Schwarz-Weiß-Bild malen, in welchem er sämtliche Licht- und Schatteneffekte darstellt und dieses Bild in einem zweiten Arbeitsgang kolorieren. Natürlich würde er dafür dann transparente Farben benötigen, um die schwarze Zeichnung nicht abzudecken. Dieser zweite Weg wurde früher begangen, wenn es darum ging, Stiche zu kolorieren.

Für den Vierfarbendruck gibt es eine ähnliche Alternative, nämlich die prinzipiell entgegengesetzten Möglichkeiten des Buntaufbaus und des Unbuntaufbaus. Das wird deutlich, wenn wir die Bilder auf der folgenden Doppelseite miteinander vergleichen. Das jeweils obere Bild zeigt den vierfarbigen Zusammendruck der Farbauszüge. Im Prinzip können diese beiden oberen Bilder absolut identisch sein. In diesem Buch kann es natürlich leichte Unterschiede geben, weil Reproduktionen im Buntaufbau im gleichen Druckvorgang mit solchen im

Vierfarbendruck im Buntaufbau

Unbuntaufbau gedruckt werden mussten. Denn beim Unbuntaufbau müsste ein schwärzeres Schwarz verwendet werden als beim Buntaufbau, bei dem die Druckfarbe Schwarz ja nur eine Hilfsfunktion hat.

Das jeweils untere Bild zeigt den dreifarbig bunten Zusammendruck der Farbauszüge. Auf der linken Seite sieht man, dass beim Buntaufbau das Druckbild praktisch fertig ist. Der Farbauszug für Schwarz hat nur noch eine Hilfsfunktion. Im dreifarbigen Zusammendruck sind alle Unbuntwerte dadurch entstanden, dass sich die bunten Druckfarben YMC gegenseitig neutralisierten. Im unteren Bild auf der rechten Seite erkennt

Vierfarbendruck im Unbuntaufbau

man dagegen, dass die drei bunten Druckfarben nur noch die Aufgabe haben, die Buntwerte für jede Bildstelle zu erzeugen.

Vorteile des Unbuntaufbaus im Vierfarbendruck

Auf der folgenden Doppelseite sehen wir die Farbauszüge der beiden Bilder oben. Auf der linken Seite haben wir die Farbauszüge für Buntaufbau, auf der rechten diejenigen für Unbuntaufbau. Links haben wir es für den Buntaufbau mit ›vollen‹ Farbauszügen für die drei bunten Druckfarben YMC zu tun. Links sehen wir auch den Farbauszug für Schwarz, das Skelettschwarz. Rechts

Farbauszüge für den Buntaufbau

haben sich für den Unbuntaufbau die Verhältnisse umgekehrt. Jetzt haben wir ein ›volles‹ Schwarz und ›Skelettfarbauszüge‹ für die drei bunten Druckfarben. Durch den Unbuntaufbau ergeben sich enorme Vorteile für den Vierfarbendruck:

• Der Verbrauch an bunter teurer Druckfarbe ist wesentlich geringer.

• Die Farbannahmeprobleme, die dadurch entstehen, dass bei den schnell laufenden Maschinen die nasse Druckfarbe von der noch nassen vorausgedruckten abgenommen werden muss, reduzieren sich deutlich.

• Der Druckprozess gewinnt enorm an Stabilität, weil die unvermeidlichen Farbführungsschwankungen der

Farbauszüge für den Unbuntaufbau

bunten Druckfarben weniger zu Farbverschiebungen der Mischnuancen führen.

• Dadurch, dass die Druckmaschine schneller auf die ausgewogene Farbgebung eingestellt werden kann, wird Papier (Makulatur) gespart.

• Da die aufs Papier aufgetragene Farbmenge deutlich geringer ist, wird ein wesentlicher Teil der Trocknungsenergie und der Farbkosten eingespart.

Der Unbuntaufbau führt bei Einsparung von Ressourcen (Druckfarbe, Papier, Energie) zu einer besseren Qualität des Druckergebnisses. Es bleibt abzuwarten, ob und wann er sich als Standardtechnologie durchsetzt. Es kann mit den gleichen Druckmaschinen, mit den gleichen bunten Druckfarben und dem gleichen Papier gearbeitet werden. Das Problem besteht lediglich darin, dass weltweit die Scannersoftware auf dem Prinzip des Buntaufbaus basiert und dass es beinahe undenkbar ist, überall eine neue Software einzuführen, die mit einem entgegengesetzten Prinzip arbeitet. Dort, wo Technologien neu entstehen, z. B. bei Farbkopierern, wurde die Möglichkeit des Unbuntaufbaus bereits realisiert.

Der Siebenfarbendruck

Für normale Ansprüche genügt die Möglichkeit der Farbwiedergabe im Vierfarbendruck. Sie entspricht in etwa derjenigen der Buntfotografie. Für die üblichen Drucksachen reichen die Möglichkeiten des Vierfarbendrucks immer aus.

Die Einschränkung der Farbwiedergabe liegt im Sekundärbereich. Im Vierfarbendruck ist es nicht möglich, in den Farbbereichen Orangerot (R), Grün (G) und Violettbau (B) leuchtende reine Farben wiederzugeben. Um im Mehrfarbendruck eine optimale Farbwiedergabe in allen Farbbereichen zu realisieren, habe ich in den 1970er-Jahren den Siebenfarbendruck erfunden. Dies ist ein Druckverfahren für besondere Aufgaben, wenn es darum geht, reine, klare, leuchtende Sekundärfarben wiederzugeben.

Die Tabelle zeigt, wie der Siebenfarbendruck funktioniert. Wir sehen die sechs Grundfarbengruppen der Integrierten Mischung. Da die Basisfarbe Weiß in Gestalt der weißen Papieroberfläche vorhanden sein muss, wird die unbunte Grundfarbe W nicht besonders erwähnt. Es herrscht das Prinzip der Unbuntausmischung. In jeder Gruppe ist Schwarz vertreten, um zusammen mit dem Papierweiß die Unbuntwerte entstehen zu lassen. Und in jeder Gruppe finden wir zwei benachbarte bunte Grundfarben, und zwar eine von YMC und eine von RGB. Sie bilden den Buntwert. Über die technischen Details des Siebenfarbendrucks informiert mein

Y	M	M	C	C	Y
R	R	B	B	G	G
K	K	K	K	K	K

Buch *Die Farbenlehre der Fernseh-, Foto- und Drucktechnik.*

Das Super-Druckverfahren

Wenn man die Möglichkeiten zu Ende durchdenkt, die sich aus der Farbenlehre für die Technologien des Mehrfarbendrucks ergeben, kommt man zu einem erstaunlichen Ergebnis. Es gibt zu den heute üblichen Drucktechniken eine optimale Alternative: ein Druckverfahren mit deckenden Druckfarben und ausschließlich nebeneinanderliegenden Flächenelementen.

Wenn alle acht Grundfarben als deckende Druckfarben zur Verfügung stehen, kann der Bedruckstoff von beliebiger Farbe sein. Es ist also keine weiße Papieroberfläche mehr nötig. Jetzt wirkt die unbunte Grundfarbe Weiß in Form der gleichberechtigten Druckfarbe Weiß mit.

Das Schema der Abbildung auf S. 179 erklärt, wie das funktioniert. Wie beim Fernsehen wird die Fläche des Druckbildes in winzige Quadrate untergliedert, die so klein sind, dass sie unter der Auflösungsschwelle des menschlichen Auges liegen. Jedes Quadrat kann in maximal vier Flächenelemente aufgeteilt werden. In jedem Quadrat können Elemente der vier Grundfarben zusammenkommen, die zu einer Gruppe der Integrierten Mischung gehören.

Das Quadrat kann von einer Grundfarbe allein ausgefüllt sein, z. B. nur von W oder K oder Y oder R.

Wenn die Flächenelemente von zwei benachbarten bunten Grundfarben zusammenkommen, entstehen reine Buntarten. Vom Größenverhältnis der Flächenelemente der zwei benachbarten bunten Grundfarben zueinander hängt es dann ab, welche Buntart durch Mischung hervorgebracht wird. Durch Variation der Flächengrößen zwischen Null und 100 Prozent können sämtliche reinen Buntarten entstehen, die aus diesen beiden bunten Grundfarben gemischt werden. Analog verhält es sich mit der Entstehung der Unbuntarten. Sie werden gebildet durch Variation der Flächengrößen zwischen W und K.

Reine verweißlichte Farbnuancen entstehen, wenn das Quadrat in drei Flächenelemente unterteilt ist, wenn zu den beiden bunten Grundfarben die unbunte Grundfarbe W hinzukommt. Und analog ist es auch mit den reinen verschwärzlichten Farbnuancen, die entstehen, wenn zu den beiden bunten Grundfarben das unbunte Schwarz hinzukommt.

Unreine bzw. gebrochene bzw. trübe Farbnuancen sind das Ergebnis der Mischung, wenn in einem Quadrat alle vier Grundfarben einer Gruppe der Integrierten Mischung zusammenwirken. Im Beispiel der Abbildung sind das Flächenelemente der Grundfarben W, K, Y und R.

Eine Variante dieses Druckverfahrens ist möglich, wenn auf weißem Papier mit transparenten Druckfarben gearbeitet wird. Dann benötigt man natürlich nur sieben Druckfarben, nämlich die sechs bunten und Schwarz, weil die Teilmengen von Weiß durch die frei gebliebenen weißen Papierstellen in die Mischung eingebracht werden.

Dieses Druckverfahren bietet unglaubliche Vorteile: Optimale Farbwiedergabe in allen Farbbereichen, minimalen Verbrauch an Druckfarbe, Papier und Energie; sichere, absolut stabile Prozessstabilität. Dass anstelle von vier Druckplatten und vier Druckmaschinen-Werken jetzt sieben bzw. acht benötigt werden, würde durch

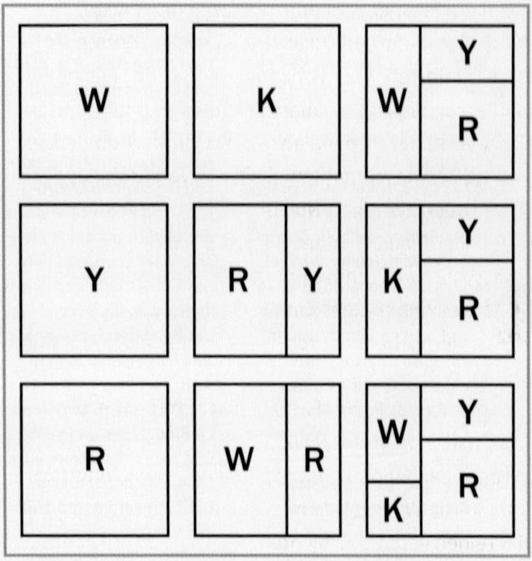

Schema für das Druckverfahren mit acht deckenden Grundfarben und ausschließlich nebeneinanderliegenden Flächenelementen

die genannten Einsparungen und Vorteile voraussichtlich mehr als kompensiert. Das einzige Problem für die Realisierung besteht darin, dass die winzigen Flächenelemente exakt passgenau auf das Papier übertragen werden müssen. Die Software für die benötigten Farbauszüge herzustellen, ist eine Fleißarbeit.

Für dieses Druckverfahren wurden mir internationale Patente erteilt, die seinerzeit von der Heidelberger Druckmaschinenfabrik gekauft wurden. Sie sind inzwischen frei geworden.

Dieses Druckverfahren ist die ideale Lösung für die Probleme des Mehrfarbendrucks. Es ist das Äußerste, was sich denken lässt, das man aus der zugrunde liegenden Farbentheorie ableiten kann, gewissermaßen das Ende der Fahnenstange.

580–500 v. Chr. Pythagoras

etwa 500–430 v. Chr. Empedokles ist der Meinung, das Licht sei ständig in Bewegung und dringe unbemerkt zwischen Erde und Atmosphäre ein.

geb. 460 v. Chr. Demokrit stellt sich vor, dass sich Bilder von Gegenständen absondern und ins Auge gelangen.

429–347 v. Chr. Plato geht davon aus, dass sich im Auge Licht befinde. Der Sehstrahl taste die Gegenstände ab. Die beiden extremen Grundfarben seien Weiß und Schwarz.

384–322 v. Chr. Aristoteles erklärt in *De sensu et sensibili*, Farben seien Eigenschaften der Körperoberflächen, die durch Zurückwerfung des Lichtes sichtbar werden. Es gäbe sieben Grundfarben. Er beschreibt die Nachbildfarben, den Simultankontrast und die Metamerie. Er beobachtet die Subtraktive Mischung.

23–79 n. Chr. C. Plinius Secundus d. Ä. beruft sich in *Naturkunde* (Buch XXXV: *Farben, Malerei, Plastik)* auf die alten Griechen.

um 46–120 n. Chr. Plutarch meint, durch Mischen schände man die Farben.

11. Jh. Ibn Al-Haitham erfindet die *Camera obscura.*

13. Jh. Robert Grosseteste, Kanzler der Universität Oxford, bringt sieben bunte Farben in eine lineare Ordnung und setzt Weiß darüber und Schwarz darunter.

um 1397–1468 Johannes Gutenberg erfindet um 1450 den Buchdruck mit beweglichen Metalllettern.

1451–1506 Christoph Kolumbus sucht 1492 den westlichen Seeweg nach Indien und entdeckt dabei Amerika.

1473–1543 Nikolaus Kopernikus, Astronom und Mathematiker, stellt die Sonne in den Mittelpunkt der Welt.

1452–1519 Leonardo da Vinci beschreibt sechs einfache und acht natürliche Farben.

1483–1546 Martin Luther nagelt 1517 seine 95 Thesen an das Portal der Schlosskirche von Wittenberg.

1571–1630 Johannes Kepler, Astronom und Mathematiker, stellt sich vor, dass die Netzhaut von farbigen Lichtstrahlen bemalt wird und dass die Bilder des Gesichtsfeldes auf geistigem Wege ins Gehirn gelangen.

1596–1650 René Descartes, Philosoph, Naturforscher und Mathematiker, hält Rot, Grün und Violett für die Grundfarben.

1567–1617 Franciscus Aguilonius, Jesuit in Brüssel, ordnet in einem Schema die Farben Gelb, Rot und Blau linear nach Helligkeit zwischen Schwarz und Weiß mit einer parallelen Spur, die über Grün führt.

1574–1637 Robert Fludd ordnet fünf bunte Farben mit Schwarz und Weiß in einem Kreis an.

1627–1691 Robert Boyle, Naturforscher, stellt sich vor, die Farbe sei eine Modifikation des Lichtes.

Ende 17. Jh. Richard Waller versucht in London einen *standard of colours* zu schaffen, indem er die bunten Farben Gelb, Rot, Blau und Grün in einem Quadrat anordnet.

1643–1727 Isaak Newton, Naturforscher, Mathematiker, Physiker und Astronom, erklärt die Entstehung des Spektrums durch Brechung der Energiestrahlen des Lichtes entsprechend ihrer Wellenlängen und fügt das Band des Spektrums zum Farbenkreis zusammen.

1667–1741 Jakob Christoph Le Blon, Maler und Kupferstecher aus Frankfurt am Main, erfindet 1710 den Dreifarbendruck und 1732 den Vierfarbendruck.

1723–1762 Tobias Mayer, deutscher Mathematiker, entwickelt das Farbenraummodell der Dreikant-Doppelpyramide, das posthum veröffentlicht wird.

1728–1777 Johann Heinrich Lambert, elsässischer Mathematiker und Naturforscher, ordnet die Farbenvielfalt in einer Dreikant-Pyramide an.

1731–1785 Moses Harris, englischer Insektenforscher und Kupferstecher, veröffentlicht 1766 einen kontinuierlichen Farbenkreis mit eingefügtem Purpurrot und Verschwärzlichungs- und Verweißlichungsstufen.

1749–1832 Johann Wolfgang von Goethe, Dichter, Minister und Naturforscher, erklärt die Entstehung bunter Farben durch die Wirkung trüber Mittel zwischen Licht und Finsternis und hält das weiße Licht für das unteilbare Naturphänomen.

1773–1829 Thomas Young, Physiker und Arzt, formuliert die Hypothese von drei Elementen im Auge, die für verschiedene Spektralbereiche empfindlich sind.

1777–1810 Philipp Otto Runge, Maler, ordnet die Farbenvielfalt in einem Kugel-Farbenraum an.

1786–1889 Michel Eugène Chevreul, Physiker und Direktor der königlichen Gobelinmanufaktur, Paris, Mitglied der Académie Française und der Royal Society, erforscht den Simultankontrast.

1788–1860 Arthur Schopenhauer, Philosoph, widerspricht Goethes Theorie und hält die Farben für Funktionen der Netzhaut.

1809–1882 Charles Darwin, Naturforscher, entwickelt nach einem Besuch der Galapagosinseln 1835 seine Evolutionstheorie.

1821–1894 Hermann von Helmholtz, Physiologe und Physiker aus Potsdam, führt die Begriffe Farbton, Sättigung und Helligkeit ein.

1831–1879 James Clerk Maxwell, Physiker aus Edinburgh, erkennt das Licht als elektromagnetische Schwingung, die messbar ist.

1834–1918 Karl Ewald Konstantin Hering, Arzt und Physiologe, geht vom Augenschein der Farben aus und postuliert in Anlehnung an die vier Himmelsrichtungen eine Gegenfarbentheorie mit den vier psychologischen Grundfarben Gelb, Rot, Blau und Grün.

1853–1932 Wilhelm Ostwald, Physikochemiker und Philosoph, erhielt 1909 den Nobelpreis für Chemie. Sein Farbenraum ist der Doppelkegel. Er führt den Begriff unbunt ein.

1858–1918 Albert H. Munsell, amerikanischer Maler und Kolorist, veröffentlicht seinen Farbenatlas, in dem die Muster nach Farbton, Sättigung und Helligkeit geordnet sind.

1888–1967 Johannes Itten, Maler und Kunstpädagoge, Lehrer am Bauhaus, veröffentlicht 1961 sein Buch *Kunst der Farbe*.

1924 Ein **Würfel-Farbenraumsystem** von 343 ausgefärbten Textil-Farbmustern wird von Max Becke, Textilfärber, Direktor des Forschungsinstitutes in Wien, veröffentlicht.

1931 Das **CIE-System,** ein farbmetrisches System, wird von einer internationalen Kommission eingeführt.

1952 Die **Farbenordnung Hickethier** wird von Alfred Hickethier, Drucker und Betriebsleiter einer Druckerei, veröffentlicht.

1955 Die **DIN-Farbenkarte,** wird von Manfred Richter entwickelt. Sein Farbenatlas besteht aus 24 Buntartblättern und einem Unbuntartblatt, mit ca. 500 herausnehmbaren Farbmustern.

1963 Der **Farbscanner** wird von Rudolf Hell (1901–2002) Erfinder des Fernschreibers und der Fernsehbild-Zerlegerröhre, entwickelt.

1972 Das **Gesetz der Integrierten Farbmischung** und die Farbenraumsysteme **Rhomboeder** und **Sechskant-Doppelpyramide** werden von Harald Liebedank Küppers (geb. 1928), Chemigraf, Druckingenieur und Farbforscher entdeckt und formuliert. Außerdem erfindet er den **Siebenfarbendruck.**

1976 Das **CIELab-System,** basierend auf der Gegenfarbentheorie, wird eingeführt.

Albers, Josef, Interaction of Color, Yale University Press, New Haven/ London 1963, deutsche Übersetzung DuMont Buchverlag, Köln 1970

Aristoteles, Metaphysik, Eugen Diederichs Verlag, Jena 1924

Becke, Max, Die natürliche Farbenordnung in 343 im Farbwürfel geordneten Farben, Österr. Patent Nr. 92.344

Becke, Max, Einführung in die natürliche Farbenlehre, Verlag Gebrüder Stiepel, Reichenberg 1924

Birren, Farber, Principles of Color, Van Nostrand Reinhold, New York/ London 1969

Boyle, Roberto, Experimenta et considerationes de coloribus. Apud SAMVELEM DE TOVRNES, M. DC. LXXX

Chevreul, Michel Eugène, The Principles of Harmony and Contrast of Colors and their Application to the Arts, Schiffer Publishing Ltd., West Chester, Pennsylvania 1987

Dartnall, H. J. A./J. K. Bowmaker/J. D. Mollon, Human Visual Pigments: Microspectrophotometric Results from the Eyes of Seven Persons, Royal Society, London B 220, 115–130, Jahrgang 1983

Deetjen, Peter/Erwin-Josef Speckmann/Jürgen Hescheler, Physiologie, Elsevier / Urban & Fischer, München, 4. Auflage 2005

Descartes, René, Le monde ou traité de la lumière. Die Welt oder Abhandlung über das Licht, VCH Verlagsgesellschaft, Weinheim 1989

DIN-Farbenkarte, Farbsystem Fachnormenausschuss Farbe, Beuth-Vertrieb, Berlin 1962

Erdtmann, Johanna E., Schöner und erfolgreicher durch die richtigen Farben, Moderne Verlagsgesellschaft mvg, Landsberg, 3. Auflage 1988

Fenkner, Hugo, Lehrbuch der Geometrie, Verlag Otto Salle, Berlin 1911

Földes-Papp, Károly, Vom Felsbild zum Alphabet, Chr. Belser Verlag, Stuttgart 1966

Frieling, Heinrich, Der Farben-Spiegel, Muster-Schmidt-Verlag, Göttingen/Zürich 1955

Frieling, Heinrich, Gesetz der Farbe, Muster-Schmidt-Verlag, Göttingen/Zürich 1968

Gage, John, Kulturgeschichte der Farbe. Von der Antike bis zur Gegenwart, Otto Maier Verlag, Ravensburg 1994

Gebhardt, Martin, Goethe als Physiker, G. Grote'sche Verlagsbuchhandlung, Berlin 1932

Gerritsen, Frans, Entwicklung der Farbenlehre, Muster-Schmidt-Verlag, Zürich 1984

Goethe, Johann Wolfgang von, Sechzehn Tafeln zu Goethe's Farbenlehre, J. G. Cotta'sche Buchhandlung, Stuttgart/Tübingen 1842

Goethe, Johann Wolfgang von, Zur Farbenlehre. Erster und Zweiter Band, J. G. Cotta'sche Buchhandlung, Stuttgart/Tübingen 1810

Heller, Eva, Wie Farben auf Gefühl und Verstand wirken, Droemer Verlag, München 2000

Helmholtz, Hermann von, Populäre wissenschaftliche Vorträge, erstes Heft, und Die neueren Fortschritte in der Theorie des Sehens, Verlag Friedrich Vieweg und Sohn, Braunschweig 1865, ausgearbeitet für die Preussischen Jahrbücher 1868

Hering, Karl Ewald Konstantin, Grundzüge der Lehre vom Lichtsinn, Julius Springer Verlag, Berlin 1920

Hickethier, Alfred, Ein-mal-Eins der Farbe, Otto Maier Verlag, Ravensburg 1963

Hickethier, Alfred, Farbenordnung Hickethier, Verlag H. Osterwald, Hannover 1952

Itten, Johannes, Bildanalysen, Otto Maier Verlag, Ravensburg 1988

Itten, Johannes, Elemente der bildenden Kunst, Studienausgabe des Tagebuches, Otto Maier Verlag, Ravensburg 1980

Itten, Johannes, Kunst der Farbe, Studienausgabe, Otto Maier Verlag, Ravensburg 1961, 2. Auflage 1970

Itten, Johannes, Kunst der Farbe, Otto Maier Verlag, Ravensburg 1961

Jackson, Carole, Color Me Beautiful, Hallwag, Bern 1985, 4. Auflage 1988

Kraaz, Ingrid S./Wulfing von Rohr, Die richtige Schwingung heilt, Goldmann Verlag, München, 4. Auflage 1989

Kramer, Hans/Otto Matschoss, Farben in Kultur und Leben, Ernst Battenberg Verlag, Stuttgart 1963

Krätz, Otto, Goethe und die Naturwissenschaften, Callwey Verlag, München 1992

Küppers, Harald, Die Logik der Farbe. Theoretische Grundlagen der Farbenlehre, Callwey Verlag, München 1976, 2. Auflage 1981

Küppers, Harald, Das Grundgesetz der Farbenlehre. Kompendium und didaktische Konzeption, DuMont Buchverlag, Köln 1978, 10. Auflage 2002

Küppers, Harald, Der Große Küppers-Farbenatlas. 25 000 Farbnuancen aus 8 Grundfarben mit Kennzeichnung und Mischanleitung, Callwey Verlag, München 1987

Küppers, Harald, Die Farbenlehre der Fernseh-, Foto- und Drucktechnik. Farbentheorie der visuellen Kommunikationsmedien, DuMont Buchverlag, Köln 1985

Küppers, Harald, DuMont's Farbenatlas. Digitale Farbtabellen für Unbuntaufbau und Buntaufbau, DuMont Buchverlag, Köln 1978, 9. überarbeitete und aktualisierte Auflage 2003

Küppers, Harald, Farbe – Ursprung, Systematik, Anwendung. Einführung in die Farbenlehre, Callwey Verlag, München 1972, 4. vollständig überarbeitete Auflage 1987

Küppers, Harald, Farbe verstehen und beherrschen. Praktische Farbenlehre, DuMont Literatur und Kunst Verlag, Köln 2004

Küppers, Harald, Farbenkompass. 6-seitige Klappkarte im Postkartenformat mit Abbildungen der Farbensonne, der Super-Farbensonne und des Basisschemas der Farbenlehre, Muster-Schmidt-Verlag, Northeim-Sudheim, 2. Auflage 1991

Küppers, Harald, Harmonielehre der Farben. Theoretische Grundlagen der Farbgestaltung, DuMont Buchverlag, Köln 1989, 3. Auflage 2000

Küppers, Harald L., Ich bekenne Farbe. Autobiografie, DuMont Buchverlag, Köln 2011

Küppers, Harald, Küppers' Farbensonne. Harmoniewähler für Schule und Beruf. Wählscheibe, Callwey Verlag, München 1989

Küppers, Harald, Schule der Farben. Grundzüge der Farbenlehre für Computeranwender und andere, DuMont Buchverlag, Köln 1992, 2. Auflage 2001

Le Blon, J. C., L'art d'imprimer les tableaux, D'après les Ecrits, les Opérations & les Instructions verbales, Paris, M.DCC.LVI.

Leonardo da Vinci, Traktat von der Malerei, Eugen Diederichs Verlag, Jena 1925, S. 85–87

Lüscher, Max, Der Lüscher Test, Rowohlt Verlag, Reinbek 1971

Lüscher, Max, Lüscher Test, Test-Verlag, Basel, o. J.

Matthaei, Rupprecht, Goethes Farbenlehre, Otto Maier Verlag, Ravensburg 1971

Munsell, Albert H., A Grammar of Color, Van Nostrand Reinhold, New York 1969

Munsell, Albert H., Book of Colors, Farbenatlas mit herausnehmbaren Farbmustern, Kollmorgen Corporation, Newburgh, New York 1966

Munsell, Albert H., Book of Colors, Matte finish collection, Kollmorgen Corporation, Baltimore, Maryland 1976

Newton, Isaak, Opticks, Dover Publications, London 1952

Ostwald, Wilhelm, Bd. I, Mathematische Farbenlehre, Verlag Unesma, Leipzig 1921

Ostwald, Wilhelm, Bd. II, Physikalische Farbenlehre, Verlag Unesma, Leipzig 1919

Ostwald, Wilhelm, Bd. IV, Physiologische Farbenlehre, Verlag Unesma, Leipzig 1922

Ostwald, Wilhelm, color harmony manual, Container Corporation of America, Chicago 1948, Ausführung 1958

Ostwald, Wilhelm, Die Farbenfibel, Verlag Unesma, Leipzig 1921, 6. verbesserte Auflage

Ostwald, Wilhelm, Die Harmonie der Farben, Verlag Unesma, Leipzig 1923

Ostwald, Wilhelm, Farbenkunde, Verlag S. Hirzel, Leipzig 1923

Ostwald, Wilhelm, Goethe, Schopenhauer und die Farbenlehre, Verlag Unesma, Leipzig 1931

Pawlik, Johannes, Goethe. Farbenlehre, DuMont Buchverlag, Köln 1974

Plinius, C. Secundus d. Ä., Naturkunde, lateinisch – deutsch, Buch XXXV: Farben, Malerei, Plastik, Heimeran Verlag, München 1978

Richter, Klaus, Computergrafik und Farbmetrik, VDE-Verlag, Berlin 1996

Richter, Manfred, Einführung in die Farbmetrik, Verlag Walter de Gruyter, Berlin/New York 1976

Riedel, Ingrid, Farben in Religion, Gesellschaft, Kunst und Psychotherapie, Kreuz Verlag, Stuttgart 1999

Runge, Philipp Otto, Farben-Kugel, Friedrich Perthes Verlag, Hamburg 1810, Nachdruck Mäander Kunstverlag, Mittenwald 1977

Sacks, Oliver, Die Insel der Farbenblinden, Rowohlt Taschenbuch Verlag, Reinbek 2003

Schiegel, Heinz, Color-Therapy. Heilung durch Farbenkraft, Hermann Bauer Verlag, Freiburg im Breisgau 1979

Schopenhauer, Arthur, Farbenlehre, Verlag Philipp Reclam jun., Leipzig, 2. Auflage 1854

Silvestrini, Narciso/Ernst Peter Fischer, Farbsysteme in Kunst und Wissenschaft, DuMont Buchverlag, Köln 1998

Steiner, Rudolf, Goethe, Farbenlehre (in 5 Bänden), Verlag Freies Geistesleben, Stuttgart 1979

Tornius, Valerian, Goethe über sich selbst, Verlagsbuchhandlung Schulze & Co., Leipzig 1913

Verdet, Marcel Émile, Vorlesungen über die Wellentheorie des Lichtes, Verlag Friedrich Vieweg und Söhne, Braunschweig 1881

Bildnachweis

Abbildungen und Diagramme, soweit nicht anders angegeben: Harald L. Küppers, Langen

aus: Farbsysteme in Kunst und Wissenschaft, hg. von Ernst Peter Fischer und Klaus Strohmer, © DuMont Literatur und Kunst Verlag, Köln 2003 22, 31 o., 39 u. l., 65

aus: H. J. A. Dartnall/J. K. Bowmaker/J. D. Mollon, Human Visual Pigments: Microspectrophotometric Results from the Eyes of Seven Persons, © Rightslink/Royal Society, London B 220, 115–130, Jg. 1983 74

aus: Speckmann, Physiologie, 6. Auflage 2013 © Elsevier GmbH, Urban & Fischer, München 73

aus: Traité de la peinture en mignature, Den Haag 1708 35

BASF Corporate History 149

Biblioteca Reale, Turin 24

Robert Bosch GmbH 148

bpk/Bayerische Staatsgemäldesammlungen, Neue Pinakothek, München 40

bpk/Hamburger Kunsthalle/Elke Walford 45,

bpk/Musée du Louvre, Paris 30

KHM-Museumsverband, Wien 18

picture-alliance/dpa/Ingo Wagner 84

Reinhard,Hans/OKAPIA 71

Schopenhauer-Archiv, Frankfurt am Main 47

ullstein bild 31

ullstein bild – Bonn-Sequenz 70

ullstein bild – Granger, NYC 14, 29

ullstein bild – Sawatzki 13

© VG Bild-Kunst, Bonn 2021 62